중·고교 연결수학

중학교 수학의 기초가 없어도 어려운 고등학교 수학을

쉽게 공부할 수 있는 유일한 수학 교재

공통수학 2 하

기말고사 대비

중고교 연결수학을 펴내면서

∎왜 수학 때문에 고민하십니까?

학생1 : 중학교 때 열심히 공부하지 않은 것을 많이 후회했는데 중고교 연결수학으로 공부하면서 중학교 수학의 기초부터 다져가며 공부할 수 있어 정말 너무 좋아요. 고등학교에 입학하기 전에 열심히 공부하여 원하는 대학에 꼭 합격할 거예요!

학생2 : 중학교 수학과는 달리 고등학교 수학은 어렵고 분량도 많아 미리 공부했지만 머릿속에 남아있는 것이 아무것도 없어 고민했는데 중고교 연결수학을 만나면서 수학이 재미있어졌어요! 이 책에는 여러 가지 특별한 장점이 많아요. 특히 일타강사의 명쾌하고 요약된 강의는 머릿속에 온전히 남아있어 문제를 풀 때 큰 도움이 되고 있어요. 이제부터 정말 열심히 공부하여 소위 말하는 SKY 대학에 진학할 거예요!

위와 같은 사례는 직접 학생들을 상담하면서 수학 때문에 고민하는 많은 학생들에게 들었던 내용입니다.

∎수학에 대한 고민 완전 해결

고등학교 수학은 학생들이 많이 어려워하고 나름대로 열심히 공부해 보지만 실제로 학교 내신성적이 잘 오르지 않아 고민하는 학생이 의외로 많습니다. 따라서 고차원수학에서는 이런 학생들의 고민을 해결하고자 최초로 중고교 과정을 연결하는 수학 교재를 개발하였습니다.

본 교재는 어느 출판사에서도 시도해 본 적이 없는 여러 가지 좋은 교육 노하우가 담겨있고 이미 현장 강의에서 큰 호응을 얻고 있으니 고등학교 수학을 공부하면서 어려움을 겪고 있는 학생들에게 큰 도움이 될 수 있다고 확신합니다. 이 책으로 공부한 학생들이 수학의 어려움을 딛고 일어나 수학에 자신감을 갖고 열심히 공부할 수 있기를 바랍니다.

고차원능률학습연구소

중고교 연결수학의 구성과 특징

고차원수학에서는 어려운 수학을 학생들이 쉽고 재미있게 공부할 수 있도록 연구 개발하여 다음과 같이 다른 교재와 차별화된 내용으로 편찬하였습니다.

1 최초로 중고교 연결과정 선수학습

이 책에서는 각 단원마다 중고교 연결과정을 선수학습 함으로써 중학교 수학의 기초가 없어도 고등학교 수학을 쉽게 공부할 수 있도록 하였습니다.

2 최초로 수학 일타강사의 현장 강의 수록

이 책에서는 수학 일타강사의 현장 강의 내용을 그대로 수록하여 복잡한 수학의 개념과 원리를 한눈에 알아보고 머릿속에 오래 기억될 수 있도록 하였습니다.

3 최초로 탐구학습을 통해 문제를 보는 방법과 푸는 방법 제시

이 책에서는 일타강사의 강의가 문제에 어떻게 적용되는가를 보여주고 탐구학습을 통해 문제를 보는 방법과 푸는 방법을 연마할 수 있도록 하였습니다.

4 최초로 각 단원마다 복습 확인 문제로 점검

이 책에서는 각 단원마다 복습 확인 문제 A, B 단계를 두어 앞에서 배운 내용을 복습하고 점검할 수 있도록 하였습니다.

5 최초로 각 단원 끝에 반복학습기록란 배치

이 책에서는 각 단원 끝에 반복학습기록란을 배치하여 학생 스스로 반복 학습한 횟수를 기록하고 선생님이 체크하므로써 반복 학습할 때마다 수학 실력이 향상되는 것을 직접 느낄 수 있도록 하였습니다.

이 책의 학습방법

1 개념학습 방법

`개념`은 대부분 복잡하고 긴 문장으로 이루어져 있기 때문에 잘 이해하려면 중요한 것에 밑줄을 그어 가면서 정독해야 한다.

2 강의학습 방법

`강의`는 복잡한 개념을 간단하게 요약해 놓은 것으로 언제든지 머리 속에서 꺼내 활용할 수 있도록 이해하고 암기해 두어야 한다.

3 예시학습 방법

`예시`는 요약된 강의 내용이 문제에 어떻게 적용되는지를 보여주는 것으로 반드시 강의를 활용하여 문제를 풀도록 해야 한다.

4 탐구학습 방법

`탐구`는 어려운 문제를 한눈에 알아보고 쉽게 푸는 방법을 제시해 주는 것으로 탐구를 통해 문제를 볼 줄 아는 안목을 길러야 한다.

5 풀이학습 방법

`풀이`는 가장 쉽고 간결하게 풀어놓았으니 풀이를 읽으면서 이해하거나 연습장에 쓰면서 따라 풀어보도록 한다.

6 유제학습 방법

1, 2단계로 구성하여 유제 1단계 문제는 예제와 비슷한 난이도로 출제하였고 유제 2단계는 난이도를 높여 한번 더 생각하며 풀 수 있도록 하였으니 학생 스스로 풀어보고 안 풀리는 문제는 선생님께 질문하여 해결하도록 한다.

어려운 수학 문제를 잘 풀 수 있는 방법은 잘 모르는 문제와 씨름하지 말고 자신이 잘 알고 있는 개념과 문제를 여러 번 반복 학습하는 것이다. 그렇게 하면 수학 실력이 향상되어 어려운 문제도 쉽게 풀 수 있는 능력이 생긴다는 것을 명심해야 한다.

이 책의 내용을 한 눈에

II 집합과 명제

P A R T

02

명제

◈ 중·고교 연결과정 선수학습
1. 명제와 조건
2. 명제의 역과 대우
3. 명제의 증명
◈ 반복학습 기록란
◈ 연습문제 (A) (B)

명언

사랑받는 것이 행복이 아니라 사랑하는 것이 행복이다.

- 헤르만 헤세 -

〈 명제와 집합의 비교표 〉

명제	집합
논리언어	진리집합
or $(\vee)$ and $(\wedge)$ not $(\sim)$	$P \cup Q$ $P \cap Q$ P^C
All x $(\forall x)$ Exist x $(\exists x)$	$P = U$ $P \neq \varnothing$
충분조건 $(\Rightarrow)$ 필요조건 $(\Leftarrow)$ 필요충분조건 $(\Leftrightarrow)$	$P \subset Q$ $P \supset Q$ $P = Q$

(집합과 명제와 조건)

(1) 집합

➜ 판단 기준이 명확하여 확정 구별할 수 있는 것들의 모임을 집합이라 한다.

(2) 명제

➜ 참, 거짓이 명확한 문장 또는 수식을 명제라 한다.

(3) 조건

➜ 변수의 값에 따라 참, 거짓이 달라지는 문장 또는 수식을 조건이라 한다.

01 명제와 조건

1 명제와 조건

[1] 명제

➜ 참, 거짓을 명확하게 판단할 수 있는 문장이나 수식을 **명제**라 한다.

[2] 조건

➜ 변수를 포함하는 문장이나 식의 참, 거짓이 변수의 값에 따라 결정될 때, 그러한 문장이나 식을 **조건**이라 한다.

> **체크** 항등식은 참인 명제이고, 방정식은 조건이다.
>
> 항등식 $(x+1)^2 = x^2 + 2x + 1$은 참인 명제이고, 방정식 $x^2 + 2x + 1 = 0$은 조건이다.

강의 **명계와 조건의 차이점을 알아야 한다!**

(1) 명계

➜ 문장 or 수식 → 참, 거짓 ⎡ 명확 → 명계 (○)
　　　　　　　　　　　　　 ⎣ 모호 → 명계 (×)

➜ 명령문, 의문문, 감탄문, 기원문 → 명계 (×)

(2) 조건

➜ p : 원소 대입 ⎡ 참(○)
　　　　　　　　　⎣ 거짓(○) 〉 지조 無 → 조건(○)

주의 명제는 참, 거짓이 명확한 것이고, 조건은 x, y의 값에 따라 참도 되고 거짓도 되는 것이다.

無(없을 무)

> **보기** ① $(x-2)^2 \geq 0$ → 참인 명제
>
> ② $(x-2)^2 < 0$ → 거짓인 명제

> **보기** $p(x) : (x-2)^2 > 0$일 때,
>
> ① $p(2)$; 거짓
> ② $p(3)$; 참 〉 지조 無 → 조건

다음 중 명제인 것을 모두 고르시오.

① 무궁화 꽃은 아름답다.

② 대한민국의 수도는 서울이다.

③ 2는 소수가 아니다.

④ 대학에 가고 싶다.

⑤ 0.01은 매우 작은 유리수이다.

탐구 문장 또는 수식 중에서 참, 거짓을 명확하게 판단할 수 있는 것을 명제라 한다.

풀이 ① 추상적이므로 명제가 아니다.

② 참이므로 명제이다.

③ 거짓이므로 명제이다.

④ 기원문이므로 명제가 아니다.

⑤ 기준이 모호하므로 명제가 아니다.

따라서 명제인 것은 ②, ③이다.

✔ 정답 ②, ③

유제 01-1 다음 중 명제가 아닌 것을 모두 고르시오.

$① \ 1+2=5$ $\qquad ② \ x<5$ $\qquad ③ \ x^2<0$

$④ \ x \neq 0$이면 $x^2 \neq 0$ $\qquad ⑤ \ x^2-9=(x-3)(x+3)$

유제 01-2 다음 중 참인 명제를 모두 고르시오.

$① \ x^2-4x+4=(x-2)^2$

$② \ x^2-4x+5=(x+1)(x-5)$

③ 모든 실수 x에 대하여 $x^2 \geq 0$이다.

④ 소수는 모두 홀수이다.

⑤ $x+y$가 정수이면 x, y도 정수이다.

다음 중 조건인 것을 모두 고르시오. (단, x, y는 실수)

① $|x| > y$ ② $|x| \geq 0$ ③ $x^2 + y^2 > 0$

④ $x^2 \geq 0$ ⑤ $x + 2 = 7$

탐구 변수 x, y의 값에 따라 참, 거짓이 결정될 때, 그 문장이나 수식을 조건이라 한다.

풀이 ① $y < 0$이면 참, $y \geq 0$이면 거짓이다.

∴ 조건

② x가 실수이므로 항상 참이다.

∴ 조건이 아니다.

③ $x = 0$, $y = 0$이면 거짓, 그 외의 경우는 참이다.

∴ 조건

④ x가 실수이므로 항상 참이다.

∴ 조건이 아니다.

⑤ $x = 5$이면 참, 그 외의 경우는 거짓이다.

∴ 조건

따라서 조건인 것은 ①, ③, ⑤이다.

정답 ①, ③, ⑤

유제 02-1 다음을 명제와 조건으로 구분하시오.

(1) 0은 음이 아닌 정수이다.   (2) x는 음이 아닌 정수이다.

(3) $2 > 3$ (4) $x > y$

유제 02-2 다음 중 조건인 것을 모두 고르시오. (단, x는 실수)

① x는 양의 실수이다.   ② $x^2 \geq 0$ ③ $|x| > 0$

④ $x + 1 < 0$ ⑤ $\sqrt{4}$는 실수가 아니다.

→ 명제 또는 조건 p에 대하여 'p가 아니다.'를 p의 **부정**이라고 하며, 기호로는 $\sim p$로 나타낸다.

(1) $\sim(p$ 또는 $q)=\sim p$ 그리고 $\sim q$

(2) $\sim(p$ 그리고 $q)=\sim p$ 또는 $\sim q$

강의 부정은 반대가 아니고 여집합이다!

→ 반대 $(\times)$ → 여집합 $(\bigcirc)$; $\sim p \to P^C = U - P$

① $= \leftrightarrow \neq$ ② $> \leftrightarrow \leq$ ③ or $\leftrightarrow$ and   ④ all $\leftrightarrow$ some

주의 대 전제는 부정에 영향을 받지 않는다.

기 | 본 | 예 | 제 03

다음 명제 또는 조건의 부정을 말하시오.

(1) 2는 짝수이거나 소수이다.

(2) $|-2|=2$ 그리고 $\sqrt{4} \neq 4$

탐구 ① 'A or B'의 부정 → '$\sim$A and $\sim$B'

② 'A and B'의 부정 → '$\sim$A or $\sim$B'

풀이 (1) 'A or B'의 부정은 '$\sim$A and $\sim$B'이므로 주어진 조건의 부정은 '2는 짝수도 아니고 소수도 아니다.'이다.

(2) 'A and B'의 부정은 '$\sim$A or $\sim$B'이므로 주어진 명제의 부정은 '$|-2| \neq 2$ 또는 $\sqrt{4}=4$'이다.

정답 (1) 2는 짝수도 아니고 소수도 아니다.

(2) $|-2| \neq 2$ 또는 $\sqrt{4}=4$

유제 03-1 다음 명제 또는 조건의 부정을 말하시오.

(1) 4는 12의 약수이고 16의 약수이다.

(2) $-2 < 0$ 또는 $(-2)^2 = 4$

유제 03-2 조건 $-2 \leq x < 5$의 부정을 말하시오.

(1) $x=y=z$의 의미

① 식 : $(x=y)$ and $(y=z)$ and $(z=x)$ → and 有

② 문장 : x, y, z는 모두 같다 → all 有

(2) $x\neq y\neq z$의 의미

① 식 : $(x\neq y)$ and $(y\neq z)$ and $(z\neq x)$ → and 有

② 문장 : x, y, z는 모두 다르다 → all 有

有(있을 유)

① 식 : $(x\neq y)$ or $(y\neq z)$ or $(z\neq x)$

② 문장 : x, y, z 중 어떤 두 수는 서로 다르다.

　　　　x, y, z 중 적어도 두 수는 서로 다르다.

　　　　x, y, z 중 서로 다른 두 수가 존재한다.

주의 $x=y=z$의 부정은 $x\neq y\neq z$가 아님을 주의해야 한다.

기|본|예|제 04

a, b, c가 실수일 때, $a^2+b^2+c^2=0$의 부정을 말하시오.

탐구　'A이고 B이고 C이다.'의 부정 → A가 아니거나 B가 아니거나 C가 아니다.

풀이　$a^2+b^2+c^2=0$의 의미는 $a=0$이고 $b=0$이고 $c=0$이다.

주어진 조건의 부정을 구하면

$a\neq 0$ 또는 $b\neq 0$ 또는 $c\neq 0$

정답　$a\neq 0$ 또는 $b\neq 0$ 또는 $c\neq 0$

유제 04-1　조건 '$x=y=z$'의 부정이 옳지 않은 것은?

① $x\neq y\neq z$

② $(x\neq y)$ 또는 $(y\neq z)$ 또는 $(z\neq x)$

③ x, y, z 중에 어떤 두 수는 서로 다르다.

④ x, y, z 중에 서로 다른 두 수가 존재한다.

⑤ x, y, z 중에 적어도 두 수는 다르다.

유제 04-2　a, b, c가 실수일 때, $|a|+|b|+|c|=0$의 부정을 말하시오.

→ 전체집합 U에서 조건 p가 참인 원소들의 집합 P를 조건 p의 **진리집합**이라 한다.

→ 두 조건 p, q의 진리집합을 각각 P, Q라 하면

[1] 조건 '$\sim p$'의 진리집합 $\rightarrow P^C$

[2] 조건 'p 또는 q'의 진리집합 $\rightarrow P \cup Q$

[3] 조건 'p 그리고 q'의 진리집합 $\rightarrow P \cap Q$

[4] 조건 '$\sim p$ 또는 $\sim q$'의 진리집합 $\rightarrow P^C \cup Q^C$

[5] 조건 '$\sim p$ 그리고 $\sim q$'의 진리집합 $\rightarrow P^C \cap Q^C$

강의 **조건의 진리집합은 참인 것만의 집합이다!**

① or ($\vee$) $\rightarrow$ $\cup$ (합집합)

② and ($\wedge$) $\rightarrow$ $\cap$ (교집합)

③ not ($\sim$) $\rightarrow$ ^{C} (여집합)

기 | 본 | 예 | 제 05

$A = \{x \mid x < -1\}$, $B = \{x \mid x \leq 0\}$일 때, $x(x+1) \leq 0$의 진리집합을 A, B를 이용하여 나타내시오.

탐구 ① 'and'나 '그리고' $\rightarrow$ $\cap$ (교집합)

② 'or'나 '또는' $\rightarrow$ $\cup$ (합집합)

풀이 $x(x+1) \leq 0$ $-1 \leq x \leq 0$ $\therefore -1 \leq x$ 그리고 $x \leq 0$이다.

$\{x \mid x \geq -1\} = A^C$이므로 진리집합은 $A^C \cap B$이다.

정답 $A^C \cap B$

유제 05-1 전체집합 $U = \{x \mid x$는 10이하의 자연수$\}$에 대하여 두 조건 p, q가

$$p : x \text{는 2의 배수이다.}, \quad q : x \text{는 10의 약수이다.}$$

일 때, 조건 'p 그리고 $\sim q$'의 진리집합을 구하시오.

유제 05-2 실수 전체의 집합 R에서의 조건 $p(x) : x^2 - 3x \leq 0$, $q(x) : x^2 + x - 2 > 0$에 대하여 조건 $\sim \{p(x)$이거나 $\sim q(x)\}$의 진리집합을 구하시오.

 명제 'p이면 q이다.'

→ 명제는 어떤 두 조건 p, q에 대하여 'p이면 q이다.'와 같이 나타낼 수 있는 것이 많다.
이때 p를 **가정**, q를 **결론**이라 한다.

(1) 명제 'p이면 q이다.' ➡ $p \rightarrow q$

(2) 명제 '$p \rightarrow q$가 참이다.' ➡ $p \Rightarrow q$

> **체크** $p \Rightarrow q$이고 $q \Rightarrow p$일 때, 조건 p와 q는 동치라고 하며, 기호 $p \Leftrightarrow q$로 나타낸다.

강의 '$p \rightarrow q$' 꼴의 명제는 참, 거짓이 명확하다!

$$p \rightarrow q \ \text{➡ 명제}$$

$$\vdots \qquad \vdots$$

가정   결론

(조건) (조건)

주의 명제 '$p \rightarrow q$'가 참 $\Leftrightarrow$ $p \Rightarrow q$

기 | 본 | 예 | 제 06

다음 문장을 'p이면 q이다'의 꼴로 나타내시오.

(1) 여름은 날씨가 덥다.

(2) 겨울에는 눈이 많이 온다.

탐구 'p이면 q이다.' → p: 가정, q: 결론
명제의 가정과 결론을 명확히 구분하도록 한다.

풀이 (1) 여름은 날씨가 덥다. → 여름이면 날씨가 덥다.
(2) 겨울에는 눈이 많이 온다. → 겨울이면 눈이 많이 온다.

정답 (1) 여름이면 날씨가 덥다.   (2) 겨울이면 눈이 많이 온다.

유제 06-1 명제 '정사각형은 네 각이 직각이다.'의 가정과 결론을 말하시오.

유제 06-2 명제 'a와 b가 같다는 것은 a^2과 b^2이 같다는 것이다.'를 수식을 이용하여
'p이면 q이다.'의 꼴로 나타내시오.

  명제 'p이면 q이다.'와 진리집합의 관계

→ 전체집합을 U라 하고 U의 부분집합 P, Q를 각각
  조건 p와 q를 만족시키는 집합이라 할 때

(1) 명제 'p이면 q이다.'가 참이면 $P \subset Q$이다.

(2) $P \subset Q$이면 명제 'p이면 q이다.'가 참이다.

→ $p \Rightarrow q \iff P \subset Q$

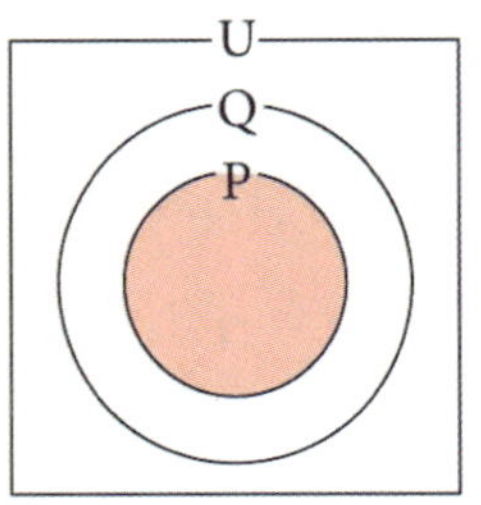

강의 **명제 $p \to q$의 참과 거짓은 포함관계로 판정한다!**

→ $\begin{cases} P \subset Q \iff p \to q : \text{참} \\ P \not\subset Q \iff p \to q : \text{거짓} \end{cases}$

기│본│예│제 07

전체집합 U에서 조건 p와 q의 진리집합을 P, Q라 하자. 명제 $p \to q$가 참일 때, 다음 중 옳지 않은 것을 고르시오.

① $P \subset Q$ ② $P^C \cup Q = U$ ③ $P \cap Q^C = \varnothing$

④ $P \cup Q^C = U$ ⑤ $P \cup Q = Q$

탐구 $p \to q$가 참일 때, $P \subset Q$이므로 벤 다이어그램을 그려서 판단한다.

풀이 $p \to q$가 참이면 $P \subset Q$이다.

P, Q를 벤 다이어그램에 나타내면
오른쪽 그림과 같다.

$P \subset Q \to P^C \cup Q = U$

$\qquad \to P \cap Q^C = \varnothing$

$\qquad \to P \cup Q = Q$

$\qquad \to P \cap Q = P$

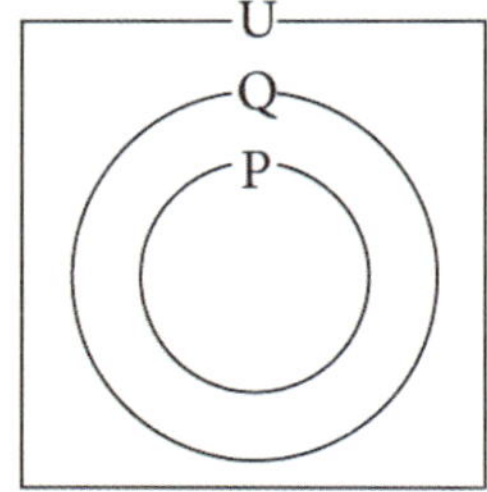

따라서 옳지 않은 것은 ④이다.

✔ 정답 ④

 전체집합 U에서의 조건 $p(x), q(x)$의 진리집합을 각각 P, Q라 한다. 명제 '$p(x) \to q(x)$'가 참일 때, 다음 중 옳은 것을 모두 고르시오.

① $P \supset Q$　　　　② $P^C \cup Q = U$　　　　③ $P^C \supset Q^C$

④ $P \cap Q = Q$　　　　⑤ $P \cup Q^C = U$

 전체집합 U에서의 조건 p, q를 만족하는 집합을 각각 P, Q라 하고, 명제 'q이면 p이다.'가 참이라 할 때, 다음 중 옳은 것을 고르시오.

┌─── 〈 보기 〉 ───────────────────────────┐
(가) $P - Q = \varnothing$　　　　　　　　(나) $P \subset Q$

(다) $P^C \cup Q = U$　　　　　　　(라) $P \cup Q^C = U$
└──────────────────────────────────────┘

기 | 본 | 예 | 제 08

다음 명제의 참, 거짓을 판별하시오.

(1) $xy > 0$이면 $x + y > 0$이다.

(2) $x = 1$이면 $x^2 + x - 2 = 0$이다.

탐구　두 조건 p, q의 진리집합 P, Q에 대하여

① $P \subset Q$이면 참, ② $P \not\subset Q$이면 거짓이다.

풀이　(1) 【반례】 $x < 0, y < 0$이면 $xy > 0$이지만 $x + y < 0$이다.

따라서 주어진 명제는 거짓이다.

(2) $p : x = 1$, $q : x^2 + x - 2 = 0$이라 하고 진리집합 P, Q를 구하면

$P = \{1\}$, $Q = \{1, -2\}$

$P \subset Q$ 이므로 주어진 명제는 참이다.

정답　(1) 거짓　　(2) 참

유제 **08-1** 다음 명제의 참, 거짓을 판별하시오.

(1) $x=2$이면 $x^2-5x+6=0$이다.

(2) $x^2=4$이면 $x=2$이다.

유제 **08-2** 명제 '$x^2-5x+6<0$이면 $x>1$이다.'의 참, 거짓을 판별하시오.

기 | 본 | 예 | 제 **09**

두 조건 p, q가

$$p:0<x<3, \qquad q:x<a$$

일 때, 명제 $p \rightarrow q$가 참이 되도록 하는 상수 a의 범위를 구하시오.

탐구 명제 $p \rightarrow q$가 참 ; 진리집합 $P \subset Q$

풀이 각 조건의 진리집합을 구하면

$$P=\{x\,|\,0<x<3\}, \;\; Q=\{x\,|\,x<a\}$$

$P \subset Q$가 되도록 집합 P, Q를 수직선에 나타내면

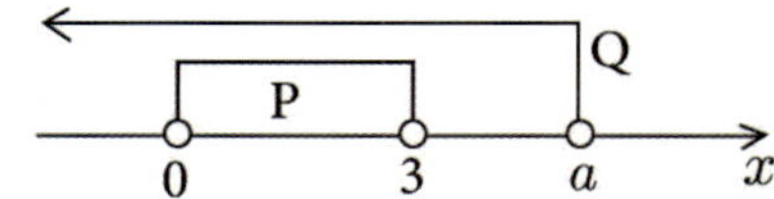

따라서 구하는 a의 값의 범위는

$$a \geq 3$$

✔ 정답 $a \geq 3$

유제 **09-1** 명제 '$x=2$이면 $x^2+5x+a=0$이다.'가 참이 되도록 하는 상수 a의 값을 구하시오.

유제 **09-2** 두 조건 p, q가

$$p:|x-1|\leq k, \;\; q:|x-2|<4$$

일 때, 명제 $p \rightarrow q$가 참이 되도록 하는 양의 정수 k의 최댓값을 구하시오.

전체집합 U에 대하여 두 조건 p, q의 진리집합을
각각 P, Q라 할 때, 두 집합 P, Q 사이의 포함관계가
오른쪽 그림과 같다고 한다. 이때 참인 명제를 고르시오.

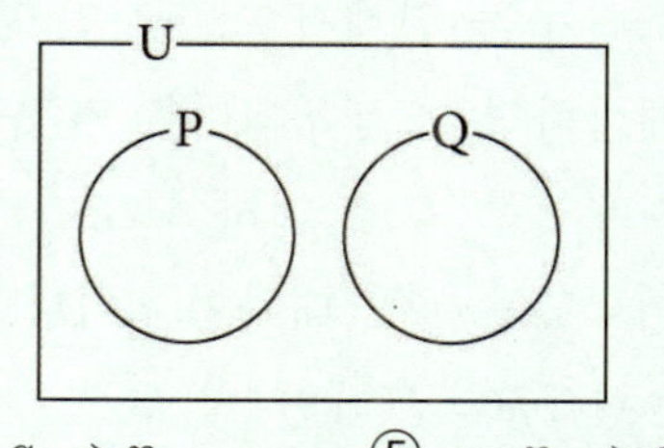

① $p \rightarrow q$　　② $q \rightarrow p$　　③ $p \rightarrow \sim q$　　④ $\sim q \rightarrow p$　　⑤ $\sim p \rightarrow q$

탐구　진리집합의 포함관계를 보고 참, 거짓을 판별한다.

풀이
① $P \not\subset Q$　　　$\therefore p \rightarrow q$: 거짓

② $Q \not\subset P$　　　$\therefore q \rightarrow p$: 거짓

③ $P \subset Q^C$　　　$\therefore p \rightarrow \sim q$: 참

④ $Q^C \not\subset P$　　　$\therefore \sim q \rightarrow p$: 거짓

⑤ $P^C \not\subset Q$　　　$\therefore \sim p \rightarrow q$: 거짓

따라서 참인 명제는 ③이다.

정답　③

유제 10-1　전체집합 U에 대하여 세 조건 p, q, r의
진리집합을 각각 P, Q, R라 할 때, 세 집합
P, Q, R 사이의 포함관계가 오른쪽 그림과
같다고 한다. 이때 거짓인 명제를 고르시오.
① $q \rightarrow r$　　② $q \rightarrow p$　　③ $r \rightarrow p$
④ $\sim p \rightarrow \sim q$　　⑤ $\sim r \rightarrow \sim p$

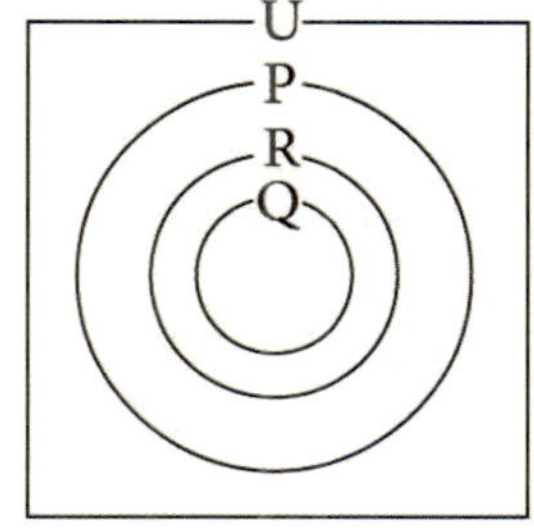

유제 10-2　전체집합 U에 대하여 세 조건 p, q, r의
진리집합을 각각 P, Q, R라 할 때, 세 집합
P, Q, R 사이의 포함관계가 오른쪽 그림과
같다고 한다. 이때 참인 명제를 모두 고르시오.
① $r \rightarrow \sim p$　　② $q \rightarrow r$　　③ $q \rightarrow \sim r$
④ $p \rightarrow r$　　⑤ $q \rightarrow \sim p$

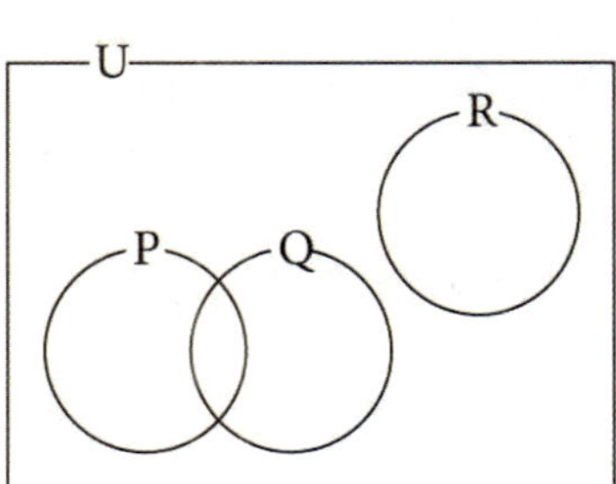

→ 조건 p는 명제가 아니지만 변수 x의 앞에 '모든'이나 '어떤'을 추가하여 x의 값의 범위를 제한하면 조건 p의 참, 거짓을 판별할 수 있으므로 명제가 된다.

→ 전체집합 U에 대하여 조건 p의 진리집합을 P라 하면

(1) '모든 x에 대하여 p이다.'에서

　① $P=U$이면 참

　② $P \neq U$이면 거짓

(2) '어떤 x에 대하여 p이다.'에서

　① $P \neq \varnothing$이면 참

　② $P = \varnothing$이면 거짓

(3) '모든'과 '어떤'의 부정

　① $\sim$(모든 x에 대하여 p이다.) $=$ 어떤 x에 대하여 $\sim p$이다.

　② $\sim$(어떤 x에 대하여 p이다.) $=$ 모든 x에 대하여 $\sim p$이다.

[강의] **전칭명제는 $P=U$이면 참이다!**

$\forall x,\ p$의 참과 거짓 ← 전칭명제

① $P=U$; 참

② $P \neq U$; 거짓

[주의] all → 모든, 임의의, 관계없이, 어떤 x에 대하여도 ; $\forall x$

[강의] **존재명제는 $P \neq \varnothing$이면 참이다!**

$\exists x,\ p$의 참과 거짓 ← 존재명제

① $P \neq \varnothing\,(有)$; 참

② $P = \varnothing\,(無)$; 거짓

[주의] some → 어떤, 적어도, 존재한다 ; $\exists x$

有(있을 유)　無(없을 무)

다음 명제의 참, 거짓을 판별하시오.

(1) 모든 실수 x에 대하여 $|x-1| \geq 0$이다.

(2) 어떤 실수 x에 대하여 $x^2+1 \leq 0$이다.

탐구 $\forall x$, $P = U$이면 p는 참, $P \neq U$이면 p는 거짓이다.

$\exists x$, $P \neq \varnothing$이면 p는 참, $P = \varnothing$이면 p는 거짓이다.

풀이 (1) $p : |x-1| \geq 0$이라 하고 조건 p의 진리집합 P를 구하면

$$P = \{x \,|\, x는\ 모든\ 실수\}$$

$P = U$이므로 주어진 명제는 참이다.

(2) $p : x^2+1 \leq 0$이라 하고 조건 p의 진리집합 P를 구하면

$$P = \varnothing$$

따라서 주어진 명제는 거짓이다.

정답 (1) 참   (2) 거짓

유제 11-1 다음 명제의 참, 거짓을 판별하시오.

(1) 모든 실수 x에 대하여 $|x+1| > 0$이다.

(2) 어떤 실수 x에 대하여 $x^2-1 \leq 0$이다.

유제 11-2 명제 '모든 실수 x에 대하여 $x^2+2ax+2a+3 \geq 0$이다.'가 참이 되게 하는 정수 a의 개수를 구하시오.

유제 11-3 명제 '어떤 실수 x에 대하여 $x^2+kx+k+3 = 0$이다.'가 참이 되게 하는 양수 k의 최솟값을 구하시오.

기 | 본 | 예 | 제 **12**

다음 명제의 부정을 말하시오.

(1) A회사의 모든 직원은 남자이다.

(2) 어떤 실수 x에 대하여 $|x| < 0$이다.

탐구 ① '모든 x에 대하여 p'꼴의 부정은 '어떤 x에 대하여 $\sim p$'

② '어떤 x에 대하여 p'꼴의 부정은 '모든 x에 대하여 $\sim p$'

풀이 (1) 'A회사의 모든 직원은 남자이다.'의 부정

→ A회사의 어떤 직원은 여자이다.

(2) '어떤 실수 x에 대하여 $|x| < 0$이다.'의 부정

→ 모든 실수 x에 대하여 $|x| \geq 0$이다.

정답 (1) A회사의 어떤 직원은 여자이다.　　(2) 모든 실수 x에 대하여 $|x| \geq 0$이다.

유제 12-1 다음 명제의 부정을 말하시오.

(1) A회사의 어떤 직원은 남자이다.

(2) 모든 실수 x에 대하여 $x^2 \geq 0$이다.

유제 12-2 다음 명제의 부정을 말하고 참, 거짓을 판별하시오.

(1) 모든 자연수 x에 대하여 $-x < 0$이다.

(2) 어떤 정수 x, y에 대하여 $x+y > 0$이다.

명제의 역과 대우

1 역과 대우

➜ 명제 $p \rightarrow q$에 대하여

[1] 역과 대우의 관계

(1) 역 : $q \rightarrow p$

(2) 대우 : $\sim q \rightarrow \sim p$

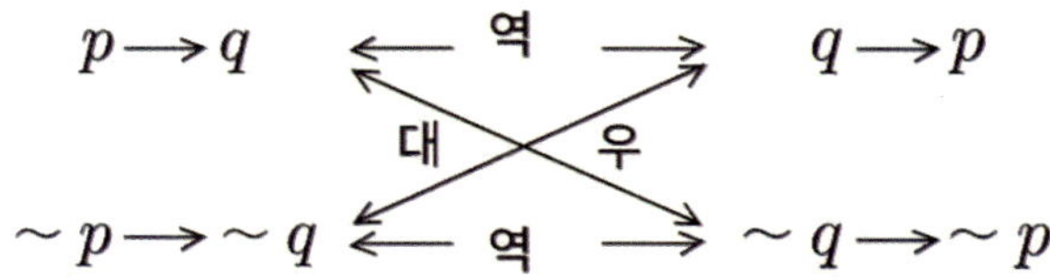

[2] 역과 대우의 참, 거짓

(1) 어떤 명제가 참(거짓)일지라도, 그 역은 반드시 참(거짓)인 것은 아니다.

(2) 어떤 명제가 참(거짓)이면, 그 대우는 반드시 참(거짓)이다.

$$(p \rightarrow q) \equiv (\sim q \rightarrow \sim p), \quad (q \rightarrow p) \equiv (\sim p \rightarrow \sim q)$$

> **강의** **명계의 대우는 순서를 바꾸어 부정하는 것이다!**
>
> ① 명계의 역 : 순서교환
>
> ② 명계의 대우 : 순서교환 and 부정
>
> $$p \rightarrow q \quad \xleftarrow{\text{역 (순서교환)}} \quad q \rightarrow p$$
> $$\text{대} \qquad \text{우}$$
> $$\sim p \rightarrow \sim q \quad \xleftarrow{\text{역}} \quad \sim q \rightarrow \sim p$$

> **보기** '봄이 오면 꽃이 핀다'의 역과 대우
>
> ① 역 : 꽃이 피면 봄이 온다.
>
> ② 대우 : 꽃이 피지 않으면 봄이 오지 않는다.

다음 명제의 역과 대우를 말하시오.

(1) $a=0$이면 $ab=0$이다.

(2) $\sim p \to q$

(3) 정사각형은 모든 각이 직각이다.

탐구   역은 순서를 바꾸고 대우는 순서를 바꾸어 부정한다.

풀이   (1) 역 ; $ab=0$이면 $a=0$이다.

            대우 ; $ab \neq 0$이면 $a \neq 0$이다.

         (2) 역 ; $q \to \sim p$

            대우 ; $\sim q \to p$

         (3) 역 ; 모든 각이 직각이면 정사각형이다.

            대우 ; 어떤 각이 직각이 아니면 정사각형이 아니다.

정답   풀이참조

유제 13-1   '이번 일요일에 체육대회가 열리지 않으면 그날 날씨는 맑지 않다.'의 대우를 말하시오.

유제 13-2 a, b가 유리수일 때, 명제 '$a+b\sqrt{2}=0$이면 $a=0$이고 $b=0$이다.'의 대우로 알맞은 것을 고르시오.

     ① $a=0$이고 $b=0$이면 $a+b\sqrt{2}=0$이다.

     ② $a+b\sqrt{2} \neq 0$이면 $a \neq 0$ 또는 $b \neq 0$이다.

     ③ $a \neq 0$이고 $b \neq 0$이면 $a+b\sqrt{2} \neq 0$이다.

     ④ $a \neq 0$ 또는 $b \neq 0$이면 $a+b\sqrt{2} \neq 0$이다.

     ⑤ $a=0$ 또는 $b=0$이면 $a+b\sqrt{2}=0$이다.

강의 명제의 역과 대우 중 대우만 명제와 참, 거짓이 일치한다!

     ① 역 : 참, 거짓 불일치 또는 일치

     ② 대우 : 참, 거짓 일치

삼각형 ABC에 대한 명제 '$\overline{AB} = \overline{AC}$이면 $\angle B = \angle C$이다.'의 역과 대우를 말하고, 참, 거짓을 판별하시오.

탐구 명제의 역과 대우를 구한 후 각각의 참, 거짓을 판별한다.

풀이 명제 ; $\overline{AB} = \overline{AC} \to \angle B = \angle C$

역 ; $\angle B = \angle C \to \overline{AB} = \overline{AC}$ (참)

대우 ; $\angle B \neq \angle C \to \overline{AB} \neq \overline{AC}$ (참)

정답 풀이참조

유제 14-1 명제 '자연수 x, y에 대하여 $x^2 + y^2$이 홀수이면 xy는 짝수이다.'의 역과 대우를 말하고, 참, 거짓을 판별하시오.

유제 14-2 다음 〈보기〉 중에서 명제의 역이 참인 것을 모두 고르시오.

─ 〈 보기 〉 ─
ㄱ. $x^3 = 1$이면 $x = 1$이다.
ㄴ. $x \geq 1$이고 $y \geq 1$이면 $x + y \geq 2$이다.
ㄷ. $x^2 > 0$이면 $x > 0$이다.

명제 '$x^2 + 2kx + 3 \neq 0$이면 $x \neq -3$이다.'가 참이 될 때, 상수 k의 값을 구하시오.

탐구 명제 $p \to q$가 참이면 그 대우인 $\sim q \to \sim p$도 참이다.

풀이 주어진 명제의 대우는 '$x = -3$이면 $x^2 + 2kx + 3 = 0$이다.'이다.

명제가 참이면 그 명제의 대우도 참이므로

$(-3)^2 + 2k \times (-3) + 3 = 0 \quad -6k = -12 \qquad \therefore k = 2$

정답 2

유제 15-1 명제 '$x + y \leq 0$이면 $x \leq -1$ 또는 $y \leq k$이다.'가 참이 되게 하는 상수 k의 최솟값을 구하시오.

유제 15-2 명제 '$x < a$이면 $x^2 - 4x - 5 \geq 0$이다.'가 참이 되게 하는 상수 a의 값의 범위를 구하시오.

[1] 유효한 추론의 뜻

→ 전제가 된 몇 개의 명제가 참이라는 가정 하에 하나의 명제가 참이라는 결론을 이끌어 내는 것을 **유효한 추론**이라 한다.

[2] 유효한 추론의 예 − 삼단 논법

→ 'p이면 q이다.'가 참이고, 'q이면 r이다.'가 참이면, 'p이면 r이다.'는 참이다.

→ '$p \Rightarrow q$'이고, '$q \Rightarrow r$'이면 '$p \Rightarrow r$'이다.

강의 **유효한 추론은 어떤 명계가 참임을 이끌어내는 것이다!**

→ $A, B, C, \cdots$ (참) → P(참)

① 3단 논법 : $p \to q,\ q \to r$(참) → $p \to r$(참)

② 대우 : $p \to q$(참) → $\sim q \to \sim p$(참)

주의 3단 논법을 이용할 때는 연결고리를 잘 찾아야 한다.

$$p \to \underline{\sim r},\ \underline{\sim r} \to q \ \Rightarrow\ p \to q$$

기 | 본 | 예 | 제 **16**

다음 중 옳은 것을 고르시오.

① $p \Rightarrow r,\ q \Rightarrow r$이면 $p \Rightarrow q$

② $q \Rightarrow \sim p,\ \sim q \Rightarrow r$이면 $\sim p \Rightarrow r$

③ $p \Rightarrow \sim q,\ \sim r \Rightarrow \sim q$이면 $\sim p \Rightarrow r$

④ $p \Rightarrow q,\ \sim r \Rightarrow \sim q$이면 $p \Rightarrow \sim r$

⑤ $p \Rightarrow \sim q,\ r \Rightarrow q$이면 $p \Rightarrow \sim r$

탐구 삼단논법과 그 대우명제를 써서 연결하였을 때 성립하는 것을 찾는다.

풀이 ⑤ $r \Rightarrow q \ \to\ \sim q \Rightarrow \sim r$

$\therefore p \Rightarrow \sim q,\ \sim q \Rightarrow \sim r$ 이면 $p \Rightarrow \sim r$

따라서 옳은 것은 ⑤이다.

정답 ⑤

 다음 중 옳은 것을 고르시오.

① $p \Rightarrow \sim q,\ \sim r \Rightarrow q$이면 $p \Rightarrow \sim r$이다.

② $p \Rightarrow \sim q,\ r \Rightarrow q$이면 $p \Rightarrow \sim r$이다.

③ $q \Rightarrow \sim p,\ \sim q \Rightarrow r$이면 $\sim p \Rightarrow r$이다.

④ $p \Rightarrow q,\ \sim r \Rightarrow \sim q$이면 $\sim p \Rightarrow r$이다.

⑤ $\sim p \Rightarrow q,\ q \Rightarrow \sim r$이면 $p \Rightarrow r$이다.

 세 명제 $p \to \sim q,\ \sim r \to q,\ \sim s \to \sim r$가 모두 참일 때, 다음 명제 중 참인 것은?

① $\sim p \to \sim s$　　　　② $\sim p \to s$　　　　③ $p \to s$

④ $s \to p$　　　　⑤ $\sim s \to p$

기 | 본 | 예 | 제 **17**

두 명제 '봄이 오면 따뜻하다.', '따뜻하면 꽃이 핀다.'가 모두 참이라고 할 때, 다음 명제 중 반드시 참이라고 할 수 없는 것을 모두 고르시오.

① 따뜻하지 않으면 봄이 오지 않는다.

② 봄이 오면 꽃이 핀다.

③ 꽃이 피면 봄이 온다.

④ 꽃이 피지 않으면 봄이 오지 않는다.

⑤ 봄이 오면 꽃이 피지 않는다.

탐구　$p \to q$: 참, $q \to r$: 참 $\Rightarrow p \to r$: 참 (삼단논법)

풀이　p : 봄이 온다, q : 따뜻하다, r : 꽃이 핀다

주어진 조건에서 $p \Rightarrow q$이므로 $\sim q \Rightarrow \sim p$이다.

$p \Rightarrow q,\ q \Rightarrow r$이므로 $p \Rightarrow r$이다.

$p \Rightarrow r$이므로 $\sim r \Rightarrow \sim p$이다.

보기의 명제를 기호로 나타내면

① $\sim q \to \sim p$　　② $p \to r$　　③ $r \to p$　　④ $\sim r \to \sim p$　　⑤ $p \to \sim r$

따라서 보기 중 반드시 참이라고 할 수 없는 것은 ③, ⑤이다.

정답　③, ⑤

유제 17-1 두 명제 '먹구름이 끼면 비가 온다.', '비가 오면 기온이 낮아진다.'가 모두 참이라고
할 때, 다음 명제 중 반드시 참이라고 할 수 없는 것은?

① 비가 오지 않으면 먹구름이 끼지 않는다.

② 먹구름이 끼지 않으면 비가 오지 않는다.

③ 먹구름이 끼면 기온이 낮아진다.

④ 기온이 낮아지지 않으면 먹구름이 끼지 않는다.

⑤ 기온이 낮아지지 않으면 비가 오지 않는다.

유제 17-2 두 명제 '농구를 못하면 키가 크지 않다.', '농구를 잘하면 달리기를 잘한다.'가 모두
참일 때, 다음 중 반드시 참인 명제를 고르시오.

① 달리기를 잘하면 키가 크다.

② 농구를 잘하면 키가 크다.

③ 농구를 못하면 달리기를 잘한다.

④ 키가 크면 달리기를 잘한다.

⑤ 농구를 못하면 달리기를 잘하지 못한다.

유제 17-3 다음 사실로부터 내릴 수 있는 결론 중 참인 것은?

> Ⅰ. 빛깔이 선명하지 않은 꽃은 잎이 많지 않다.
> Ⅱ. 꽃송이가 작은 것은 봄에 핀다.
> Ⅲ. 빛깔이 선명한 꽃은 줄기가 길다.
> Ⅳ. 빛깔이 선명하지 않은 꽃은 봄에 피지 않는다.

① 꽃송이가 작은 꽃은 줄기가 길지 않다.

② 줄기가 긴 꽃은 잎이 많다.

③ 잎이 많은 꽃은 봄에 핀다.

④ 봄에 피지 않는 꽃은 줄기가 길지 않다.

⑤ 빛깔이 선명하지 않은 꽃은 꽃송이가 작지 않다.

[1] 필요조건과 충분조건

➔ 조건 p, q를 만족하는 집합을 각각 P, Q라 하면

(1) $p \Rightarrow q$일 때

　➔ p는 q이기 위한 충분조건이다.

　➔ q는 p이기 위한 필요조건이다.

(2) $P \subset Q$일 때

　➔ p는 q이기 위한 충분조건이다.

　➔ q는 p이기 위한 필요조건이다.

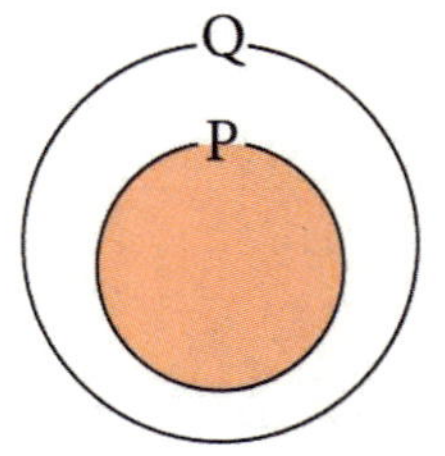

[2] 필요충분조건과 동치

➔ 조건 p, q를 만족하는 집합을 각각 P, Q라 하면

(1) $p \Leftrightarrow q$일 때

　➔ p는 q이기 위한 필요충분조건이다.

　➔ q는 p이기 위한 필요충분조건이다.

　➔ p와 q는 서로 동치이다.

(2) $P = Q$일 때

　➔ p는 q이기 위한 필요충분조건이다.

　➔ q는 p이기 위한 필요충분조건이다.

　➔ p와 q는 서로 동치이다.

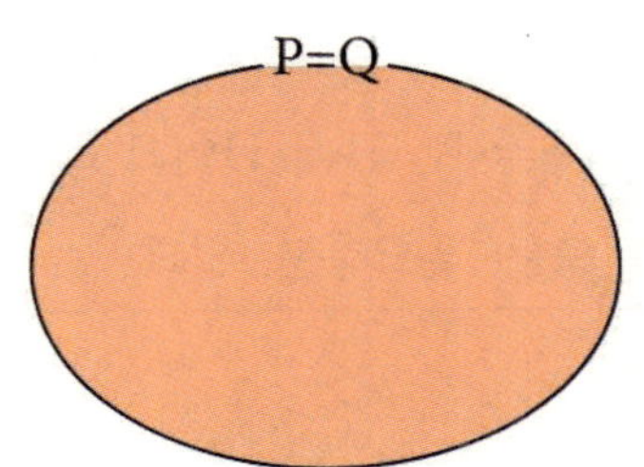

강의　**필요조건과 충분조건의 의미는 주어의 위치에 따라 달라진다!**

➔ $p(x) \rightarrow q(x)$　➔　$P \subset Q$

출제① $p(x)$는 $q(x)$이기 위한 충분조건

출제② $q(x)$는 $p(x)$이기 위한 필요조건

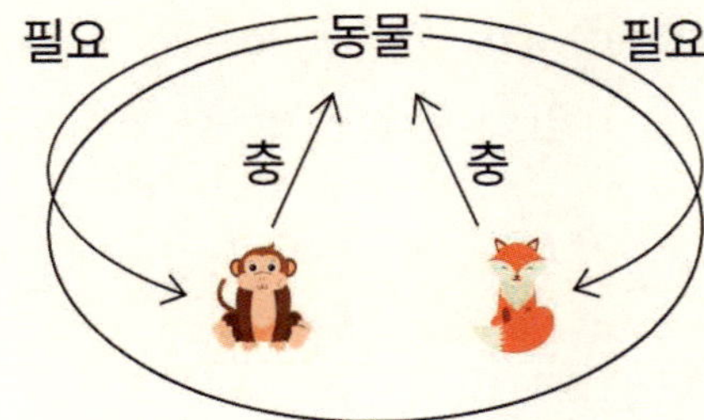

강의 필요충분조건은 '서로 같다'는 것을 의미한다!

→ $p \Longleftrightarrow q$

→ $P = Q$

→ 완전조건

→ 동치

기|본|예|제 **18**

'$A \Rightarrow B$, $B \Leftrightarrow C$, $D \Rightarrow C$, $B \Rightarrow D$일 때, A는 C이기 위한 (   )조건이고, B는 D이기 위한 (   )조건이고, D는 A이기 위한 (   )조건이다.'의 (   ) 안에 들어갈 말을 순서대로 쓰시오.

탐구 양방향 성립여부를 반드시 확인해야 한다.

풀이

$A \Rightarrow B$, $B \Leftrightarrow C$이므로 $A \Rightarrow C$ ∴ A는 C이기 위한 (충분)조건

$D \Rightarrow C$, $C \Leftrightarrow B$, $B \Rightarrow D$이므로 $B \Leftrightarrow D$ ∴ B는 D이기 위한 (필요충분)조건

$A \Rightarrow B$, $B \Leftrightarrow D$이므로 $A \Rightarrow D$ ∴ D는 A이기 위한 (필요)조건

정답 충분, 필요충분, 필요

유제 18-1 A는 D이기 위한 충분조건, B는 A이기 위한 충분조건, C는 A이기 위한 필요조건, D는 B이기 위한 충분조건일 때, B는 C이기 위한 (   )조건이고, C는 D이기 위 한 (   )조건이고, D는 A이기 위한 (   )조건이다. 이때 (   ) 안에 들어갈 말을 순서대로 쓰시오.

유제 18-2 네 조건 p, q, r, s에 대하여 $p \Rightarrow q$, $r \Rightarrow p$, $s \Rightarrow r$, $q \Rightarrow s$일 때, 'p가 s이기 위한 (   )조건이다.'에서 (   ) 안에 알맞은 말을 쓰시오.

→ 'p이면 q이다.'에서

[1] 집합의 포함 관계를 따지는 방법

    (1) $P \subset Q$일 때   → p는 q이기 위한 충분조건

    (2) $P \supset Q$일 때   → p는 q이기 위한 필요조건

    (3) $P \subset Q,\ Q \subset P\ (P = Q)$일 때   → p는 q이기 위한 필요충분조건

[2] 화살표 방향의 성립 여부를 따지는 방법

    (1) $p \rightleftharpoons q$일 때   → p는 q이기 위한 충분조건

    (2) $p \rightleftharpoons q$일 때   → p는 q이기 위한 필요조건

    (3) $p \rightleftharpoons q$일 때   → p는 q이기 위한 필요충분조건

강의 **필요충분조건 문제의 해법은 주어를 앞에, 술어를 뒤에 써놓고 따진다!**

→ 주어 ($\sim$는, 가, 이) $\rightleftharpoons$ 술어($\sim$이기 위한)

① 주어 $\rightleftharpoons$ 술어 → 충분조건

② 주어 $\rightleftharpoons$ 술어 → 필요조건

③ 주어 $\rightleftharpoons$ 술어 → 필충조건

강의 **필요충분조건 문제의 사고는 그 방법이 매우 중요하다!**

① 大, 小   ② 반례   ③ 지식   ④ 그림 활용

주의 ① 반례 찾는 방법

    ┌ 실수조건 無 → 허수 대입   ┐
    └ 합과 곱 有 → 켤레 대입   ┘ 반례를 찾아라!

② $|x+y| \leq |x|+|y|$의 의미분석

    ⅰ) $|x+y| < |x|+|y| \rightarrow xy < 0$; 異부호 (0계외)

    ⅱ) $|x+y| = |x|+|y| \rightarrow xy \geq 0$; 同부호 (0포함)

    ⅲ) $|x+y| > |x|+|y| \rightarrow$ 해는 없다.

大(클 대) 小(작을 소) 無(없을 무) 有(있을 유) 異(다를 이) 同(같을 동)

A가 B이기 위한 필요조건인 것을 고르시오.

① A : $x > 0, y > 0$,   B : $xy > 0$
② A : $x > 3$,   B : $x^2 > 3^2$
③ A : $x = y$,   B : $mx = my$
④ A : $x^2 = 2x$,   B : $x = 2$
⑤ A : $x = 3$,   B : $x^2 - 2x - 3 = 0$

탐구 필요충분조건 문제는 반드시 반례를 찾아 양방향 성립여부를 판단한다.

풀이

① A : $x > 0, y > 0$ $\Rightarrow\!\!\!\!\!\not\Leftarrow$ B : $xy > 0$ ∴ 충분조건

반례 : $x = -1, y = -1 \rightarrow x < 0, y < 0$

② A : $x > 3$ $\Rightarrow\!\!\!\!\!\not\Leftarrow$ B : $x^2 > 3^2$ ∴ 충분조건

반례 : $x = -4 \rightarrow x < 3$

③ A : $x = y$ $\Rightarrow\!\!\!\!\!\not\Leftarrow$ B : $mx = my$ ∴ 충분조건

반례 : $m = 0 \rightarrow x \neq y$일 때도 성립

④ A : $x^2 = 2x$ $\not\!\!\Rightarrow\!\Leftarrow$ B : $x = 2$ ∴ 필요조건

반례 : $x = 0$

⑤ A : $x = 3$ $\Rightarrow\!\!\!\!\!\not\Leftarrow$ B : $x^2 - 2x - 3 = 0$ ∴ 충분조건

반례 : $x = -1$

따라서 A가 B이기 위한 필요조건인 것은 ④이다.

정답   ④

유제 19-1 다음 중 B가 A이기 위한 필요조건인 것은?

① A : $x^2 = 1$,   B : $x = 1$
② A : $a < 0$,   B : $\sqrt{a^2} = a$
③ A : 사각형 ABCD의 대각선은 직교한다.
   B : 사각형 ABCD는 마름모이다.
④ A : $\triangle ABC \equiv \triangle A'B'C'$
   B : $\angle A = \angle A'$, $\angle B = \angle B'$, $\angle C = \angle C'$
⑤ A : $x + y = 0$,   B : $x = 0$이고 $y = 0$

유제 19-2 다음 ☐ 안에 필요조건, 충분조건, 필요충분조건 중 알맞은 말을 써넣으시오.

(1) a, b가 실수일 때, $ab \neq 0$은 $a \neq 0$이고 $b \neq 0$이기 위한 ☐ 이다.

(2) a, b가 실수일 때, $a^2 + b^2 \neq 0$은 $a \neq 0$이고 $b \neq 0$이기 위한 ☐ 이다.

(3) a, b가 실수일 때, $a < b$는 $|a - b| > a - b$이기 위한 ☐ 이다.

두 조건

$$p : -3 < x - a \le 3, \quad q : -1 \le 2x - 5 < 19$$

에 대하여 p가 q이기 위한 충분조건이 되게 하는 모든 정수 a의 값의 합을 구하시오.

탐구 p가 q이기 위한 **충분조건** ; $p \Rightarrow q$; $P \subset Q$

풀이 $p : -3 < x - a \le 3$이므로 조건 p의 진리집합 P는

$$P = \{x \mid -3 + a < x \le 3 + a\}$$

$q : -1 \le 2x - 5 < 19$이므로 조건 q의 진리집합 Q는

$$Q = \{x \mid 2 \le x < 12\}$$

p가 q이기 위한 충분조건이려면 $P \subset Q$이므로 수직선에 나타내면

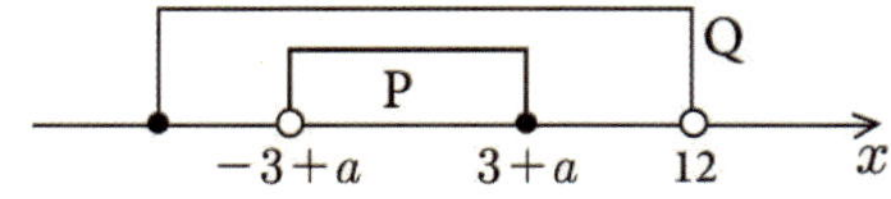

따라서 $2 \le -3 + a$이고 $3 + a < 12$이다.

$$\therefore 5 \le a < 9$$

조건에 맞는 모든 정수 a의 값의 합을 구하면

$$5 + 6 + 7 + 8 = 26$$

정답   26

유제 20-1 $|x| \le a$가 $2x - 5 < x - 3$이기 위한 충분조건이 되게 하는 양수 a의 값의 범위를 구하시오.

유제 20-2   세 조건 p, q, r가

$$p : 1 < x \le 3, \quad q : x < a, \quad r : x \ge b$$

일 때, $\sim p$는 $\sim r$이기 위한 필요조건이고, p는 q이기 위한 충분조건이다. 이때 이를 만족하는 정수 a, b에 대하여 $a - b$의 최솟값을 구하시오.

전체집합 U에 대하여 두 조건 p, q의 진리집합이 각각 P, Q라 하자. 이때 $\sim q$는 $\sim p$이기 위한 충분조건이라면 다음 〈보기〉 중 옳지 않은 것을 고르시오.

─── 〈 보기 〉───

ㄱ. $P \cap Q = P$　　　ㄴ. $P \subset Q$　　　ㄷ. $P \cup Q = Q$　　　ㄹ. $P \cap Q^C = U$

탐구　벤 다이어그램을 그려서 포함관계를 이용하면 편리하다.

풀이　$\sim q$는 $\sim p$이기 위한 충분조건이므로

　　$\sim q \Rightarrow \sim p$에서 $p \Rightarrow q$　　　$\therefore P \subset Q$

P, Q의 포함관계를 벤 다이어그램으로
나타내면 오른쪽 그림과 같다.

보기 중 $P \cap Q^C = P - Q = \varnothing \neq U$이므로
옳지 않은 것은 ㄹ이다.

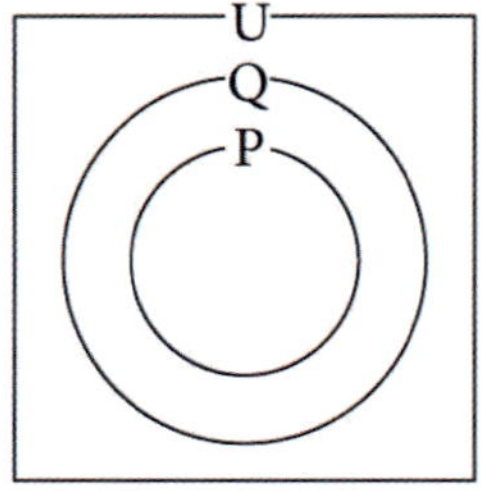

정답　ㄹ

유제 21-1　전체집합 U에 대하여 두 조건 p, q의 진리집합이 각각 P, Q라 하자. 이때 p가 $\sim q$이기 위한 충분조건이라면 다음 〈보기〉 중 옳은 것을 고르시오.

─── 〈 보기 〉───

ㄱ. $P \subset Q$　　　ㄴ. $P \cap Q = \varnothing$　　　ㄷ. $Q^C \subset P$　　　ㄹ. $P \cup Q = U$

유제 21-2　전체집합 U에 대하여 세 조건 p, q, r의 진리집합이 각각 P, Q, R이라 하자. 이때 p는 q이기 위한 충분조건이고, r은 q이기 위한 필요조건일 때, 다음 〈보기〉 중 옳지 않은 것을 고르시오.

─── 〈 보기 〉───

ㄱ. $P \subset R$　　　ㄴ. $P \cup Q \subset R^C$　　　ㄷ. $P^C \cap R^C \subset Q^C$

03 명제의 증명

1 대우를 이용한 증명

→ 명제 $p \to q$가 참이면 그 대우 $\sim q \to \sim p$도 참이므로 명제 $\sim q \to \sim p$가 참임을 증명하여 명제 $p \to q$가 참임을 증명하는 방법이다.

> **체크** 명제의 대우에서 전제 조건은 변하지 않는다.

강의 대우법은 명제 대신 대우가 참임을 증명하는 것이다!
- → 명제 '$p \to q$'의 증명
- → 대우 이용 : $\sim q \to \sim p$ (증명)

기|본|예|제 22

명제 'a, b, c가 양의 정수일 때, $a^2 + b^2 = c^2$이면 a, b, c 중 적어도 하나는 짝수이다.'가 참임을 대우를 이용하여 증명하시오.

탐구 직접 증명하는 것이 복잡하거나 어려우면 대우법을 이용하여 증명하면 편리하다.

→ 명제 $p \to q$ (참) $\Leftrightarrow$ 대우 $\sim q \to \sim p$ (참)

풀이 주어진 명제의 대우는 'a, b, c가 모두 홀수이면 $a^2 + b^2 \neq c^2$이다.

$a = 2x+1$, $b = 2y+1$, $c = 2z+1$ (단, x, y, z는 양의 정수)이라 하면

$$a^2 + b^2 = (2x+1)^2 + (2y+1)^2 = 2(2x^2 + 2y^2 + 2x + 2y + 1) \ \text{: 짝수}$$

$$c^2 = (2z+1)^2 = 2(2z^2 + 2z) + 1 \ \text{: 홀수} \qquad \therefore a^2 + b^2 \neq c^2$$

주어진 명제의 대우가 참이므로 명제도 참이다.

정답 풀이참조

유제 22-1 명제 '자연수 n에 대하여 n^2이 짝수이면 n이 짝수이다.'가 참임을 대우를 이용하여 증명하시오.

유제 22-2 명제 '자연수 a, b에 대하여 $a+b$가 짝수이면 a, b가 모두 짝수이거나 모두 홀수이다.'가 참임을 대우를 이용하여 증명하시오.

→ 어떤 명제가 참이라는 것을 증명하려 할 때, 그 명제를 부정하거나, 그 명제의 결론을 부정하여 공리, 정리, 가정 등에 모순이 됨을 이끌어 냄으로써 원래의 명제가 참이라는 것을 단정 짓는 증명법을 **귀류법** 또는 **배리법**, **반증법**이라 한다.

강의 귀류법(배리법, 모순법)은 명제 또는 결론을 부정하여 모순을 이끌어내는 것이다!
→ 명제 부정 or 결론 부정 → 모순 발생 → 명제 성립

기|본|예|제 23

$\sqrt{2}$가 유리수가 아님을 귀류법을 이용하여 증명하시오.

탐구 명제 또는 결론을 부정하여 모순이 발생함을 보이는 것을 귀류법이라 한다.

풀이 결론을 부정하여 $\sqrt{2}$가 유리수라면,

$$\sqrt{2} = \frac{b}{a} \quad \text{(단, } a, b\text{는 서로소인 정수, } a \neq 0)$$

$$2 = \frac{b^2}{a^2} \qquad \therefore 2a^2 = b^2 \cdots ①$$

b^2이 2의 배수이므로 b도 2의 배수 $\qquad \therefore b = 2k$ (단, k는 정수) $\cdots②$

$$② \rightarrow ① ; 2a^2 = (2k)^2 \qquad \therefore a^2 = 2k^2$$

a^2이 2의 배수이므로 a도 2의 배수 $\cdots③$

②, ③에 의해 a, b가 서로소라는 가정에 모순이므로 $\sqrt{2}$는 유리수가 아니다.

정답 풀이참조

유제 23-1 명제 '$1 + \sqrt{3}$은 무리수이다.'가 참임을 귀류법을 이용하여 증명하시오.

유제 23-2 명제 '자연수 n에 대하여 n^2이 홀수이면 n이 홀수이다.'가 참임을 귀류법을 이용하여 증명하시오.

[1] 부등식의 증명에 이용되는 기본 성질

→ 임의의 실수 a, b에 대하여

(1) $a^2 \geq 0, \ a^2 + b^2 \geq 0$

(2) $|a|^2 = a^2$

(3) $a^2 = 0 \Leftrightarrow a = 0, \ a^2 + b^2 = 0 \Leftrightarrow a = 0$이고 $b = 0$

(4) $a > b \Leftrightarrow a - b > 0$

(5) $a > 0, b > 0$일 때, $a \geq b \Leftrightarrow a^2 \geq b^2$

[2] 부등식의 증명 방법

(1) 차에 의한 방법

→ 두 실수 P, Q에 대하여

① $P - Q > 0 \Leftrightarrow P > Q$　　② $P - Q = 0 \Leftrightarrow P = Q$　　③ $P - Q < 0 \Leftrightarrow P < Q$

(2) 비에 의한 방법

→ 두 양수 P, Q에 대하여

① $\dfrac{P}{Q} > 1 \Leftrightarrow P > Q$　　② $\dfrac{P}{Q} = 1 \Leftrightarrow P = Q$　　③ $\dfrac{P}{Q} < 1 \Leftrightarrow P < Q$

체크 양수이고, 약분 가능할 때에만 비에 의한 방법을 사용한다.

강의 **대소 비교는 빼거나 나누어 비교한다!**

① 뺄셈 이용 → $A - B > 0$ 　　　 $\therefore A > B$

② 나눗셈 이용 → $A \div B < 1$ 　　　 $\therefore A < B$

　　↳ 약분 가능 경우

주의 (1) $\sqrt{}, \ |\ |$ 有 → 제곱의 차 이용

　　　(2) 양양조건이 있는 경우

　　　　① $a > b \Leftrightarrow a^2 > b^2$

　　　　② $a > b \Leftrightarrow \sqrt{a} > \sqrt{b}$

　　　　③ $a > b \Leftrightarrow |a| > |b|$

　　　(3) 양양조건이 없는 경우

　　　　① $a > b \ \not\!\!\longrightarrow \ \sqrt{a} > \sqrt{b}$

　　　　② $\sqrt{a} > \sqrt{b} \ \longrightarrow \ a > b$

有(있을 유)

$a \geq 0$일 때, $\sqrt{1+2a}$와 $1+a$의 대소를 비교하시오.

탐구 $\sqrt{}$가 있는 경우에는 제곱하여 크기를 비교한다.

풀이 $\sqrt{1+2a} > 0,\ 1+a > 0$이므로 제곱하여 크기를 비교하면

$$\left(\sqrt{1+2a}\right)^2 = 1+2a$$

$$(1+a)^2 = 1+2a+a^2$$

$a \geq 0$일 때, $a^2 \geq 0$이므로 $1+2a \leq 1+2a+a^2$이다.

$$\therefore \sqrt{1+2a} \leq 1+a$$

정답 $\sqrt{1+2a} \leq 1+a$

유제 24-1 두 수 15^{10}과 2^{41}의 대소를 비교하시오.

유제 24-2 $0 < a < 2$일 때, $2 - \sqrt{4-a^2}$과 $\dfrac{a^2}{5}$의 대소를 비교하시오.

유제 24-3 $a > b > 0$일 때, $\dfrac{a}{1+a}$와 $\dfrac{b}{1+b}$의 대소를 비교하시오.

→ 부등식의 문자에 어떤 실수를 대입하여도 항상 성립하는 부등식을 **절대부등식**이라 한다.

→ a, b, c가 실수일 때

(1) $a^2 + ab + b^2 \geq 0$ (단, 등호는 $a = b = 0$일 때 성립)

(2) $a^2 - ab + b^2 \geq 0$ (단, 등호는 $a = b = 0$일 때 성립)

(3) $a^2 + b^2 + c^2 - ab - bc - ca \geq 0$ (단, 등호는 $a = b = c$일 때 성립)

강의 **기본 절대부등식은 완전제곱으로 변형하여 증명한다!**

→ 항상 성립 → 증명 ; 완전제곱 이용 ; $(실수)^2 \geq 0$

(1) $a^2 \pm ab + b^2 \geq 0$

증명 : $\left(a \pm \dfrac{b}{2}\right)^2 + \dfrac{3}{4}b^2 \geq 0$

(2) $a^2 + b^2 + c^2 \pm ab \pm bc \pm ca \geq 0$

증명 : $\dfrac{1}{2}\left\{(a \pm b)^2 + (b \pm c)^2 + (c \pm a)^2\right\} \geq 0$

기|본|예|제 25

a, b가 실수일 때, 부등식 $a^2 + b^2 \geq ab$가 성립함을 증명하시오.

탐구 $A \geq B$가 성립함을 보이려면 $A - B \geq 0$을 증명하면 된다.

풀이 $a^2 + b^2 - ab = \left(a^2 - ab + \dfrac{b^2}{4}\right) - \dfrac{b^2}{4} + b^2 = \left(a - \dfrac{b}{2}\right)^2 + \dfrac{3}{4}b^2 \geq 0$

$\therefore a^2 + b^2 \geq ab$

이때 등호는 $a - \dfrac{b}{2} = 0$, $b = 0$, 즉 $a = b = 0$일 때 성립한다.

정답   풀이참조

유제 25-1   음이 아닌 실수 a, b에 대하여 부등식 $\sqrt{a} + \sqrt{b} \leq \sqrt{2(a+b)}$가 성립함을 증명하시오.

유제 25-2   실수 a, b, c에 대하여 부등식 $a^2 + b^2 + c^2 \geq ab + bc + ca$가 성립함을 증명하시오.

→ $a \geq 0$, $b \geq 0$, $c \geq 0$일 때

(1) $\dfrac{a+b}{2} \geq \sqrt{ab}$ (단, 등호는 $a=b$일 때 성립)

(2) $\dfrac{a+b+c}{3} \geq \sqrt[3]{abc}$ (단, 등호는 $a=b=c$일 때 성립)

강의 산술평균 ≥ 기하평균은 절대부등식이므로 공식으로 사용된다.

→ 大 · 小, 범위를 구할 때 공식으로 이용된다.

(1) 공식 ① $\dfrac{a+b}{2} \geq \sqrt{ab}$ → $a+b \geq 2\sqrt{ab}$ ($a=b$일 때 등호 성립)

② $\dfrac{a+b+c}{3} \geq \sqrt[3]{abc}$ → $a+b+c \geq 3\sqrt[3]{abc}$ ($a=b=c$일 때 등호 성립)

(2) 출제 ① 양수조건 + 합과 곱 → 산술평균 ≥ 기하평균 이용

② 양수조건 + 역수 관계 → 산술평균 ≥ 기하평균 이용

大(클 대)　小(작을 소)

기|본|예|제 26

$x > 0$, $y > 0$일 때, 다음을 구하시오.

(1) $xy = 3$일 때, $x+3y$의 최솟값

(2) $x+4y = 4$일 때, xy의 최댓값

탐구 양수조건 + 합과 곱 → 산술평균 ≥ 기하평균 이용

→ $a > 0$, $b > 0$이면 $a+b \geq 2\sqrt{ab}$임을 이용한다.

풀이 (1) $x+3y \geq 2\sqrt{x \times 3y} = 2\sqrt{3xy} = 6$

$\therefore x+3y \geq 6$ (단, 등호는 $x=3y$일 때 성립)

따라서 $x+3y$의 최솟값은 6이다.

(2) $x+4y \geq 2\sqrt{x \times 4y} = 2\sqrt{4xy} = 4\sqrt{xy}$

$4 \geq 4\sqrt{xy}$　　$\therefore \sqrt{xy} \leq 1$ (단, 등호는 $x=4y$일 때만 성립)

$\therefore xy \leq 1$

따라서 xy의 최댓값은 1이다.

정답 (1) 6　　(2) 1

유제 **26-1** 양수 x, y에 대하여 $5x^2+2y^2=10$일 때, xy의 최댓값을 구하시오.

유제 **26-2** $a>0, \ b>0$일 때, $a+b=2$이다. 이때 $\dfrac{1}{a}+\dfrac{1}{b}$의 최솟값을 구하시오.

기|본|예|제 **27**

$a>0, \ b>0$일 때, $\left(a+\dfrac{1}{b}\right)\left(b+\dfrac{4}{a}\right)$의 최솟값을 구하시오.

탐구 양수조건 $+$ 역수관계 $\rightarrow$ 산술평균 $\geq$ 기하평균 이용

$$\rightarrow \ \frac{a+b}{2} \geq \sqrt{ab} \ \rightarrow \ a+b \geq 2\sqrt{ab}$$

풀이 $\left(a+\dfrac{1}{b}\right)\left(b+\dfrac{4}{a}\right)=ab+4+1+\dfrac{4}{ab}=ab+\dfrac{4}{ab}+5$

$ab>0, \ \dfrac{1}{ab}>0$이므로

$$ab+\frac{4}{ab} \geq 2\sqrt{ab \times \frac{4}{ab}}=4 \quad (단,\ 등호는\ ab=\frac{4}{ab}일\ 때\ 성립)$$

$$\therefore \ (준식) \geq 4+5=9$$

따라서 준식의 최솟값은 9이다.

정답 9

유제 **27-1** $x>0, \ y>0$일 때, $(x+y)\left(\dfrac{1}{x}+\dfrac{1}{y}\right)$의 최솟값을 구하시오.

유제 **27-2** $x>\dfrac{1}{2}$일 때, $2x+\dfrac{4}{2x-1}$의 최솟값을 구하시오.

(1) $(a^2+b^2)(x^2+y^2) \geq (ax+by)^2$ (등호는 $\dfrac{x}{a}=\dfrac{y}{b}$일 때 성립)

(2) $(a^2+b^2+c^2)(x^2+y^2+z^2) \geq (ax+by+cz)^2$ (등호는 $\dfrac{x}{a}=\dfrac{y}{b}=\dfrac{z}{c}$일 때 성립)

강의 코시-슈바르츠의 부등식은 절대부등식이므로 공식으로 사용된다.

→ 大·小, 범위를 구할 때 공식으로 이용된다.

(1) 공식 ① $(a^2+b^2)(x^2+y^2) \geq (ax+by)^2$

② $(a^2+b^2+c^2)(x^2+y^2+z^2) \geq (ax+by+cz)^2$

(2) 출제 : 제곱제곱 + 일차의 등차식

→ 코시-슈바르츠의 부등식 이용

大(클 대) 小(작을 소)

기|본|예|제 28

실수 x, y에 대하여 $x^2+y^2=1$일 때, $2x+3y$의 최댓값과 최솟값을 구하시오.

탐구 ① 제곱제곱 + 일차의 동차식 → 코시-슈바르츠의 부등식 이용

→ $(a^2+b^2)(x^2+y^2) \geq (ax+by)^2$

② $(ax+by)^2 \leq k \, (k>0)$

→ $-\sqrt{k} \leq ax+by \leq \sqrt{k}$

풀이 x, y가 실수이므로 코시-슈바르츠의 부등식에서

$(2^2+3^2)(x^2+y^2) \geq (2x+3y)^2$

$(2x+3y)^2 \leq 13$이므로

$$-\sqrt{13} \leq 2x+3y \leq \sqrt{13} \quad \text{(단, 등호는 } \dfrac{x}{2}=\dfrac{y}{3}\text{일 때 성립)}$$

따라서 $2x+3y$의 최댓값은 $\sqrt{13}$, 최솟값은 $-\sqrt{13}$이다.

정답 최댓값 : $\sqrt{13}$, 최솟값 : $-\sqrt{13}$

유제 28-1 실수 x, y에 대하여 $x^2 + y^2 = 4$일 때, $x + 2y$의 최댓값을 M, 최솟값을 m이라 하자. 이때 Mm의 값을 구하시오.

유제 28-2 실수 x, y에 대하여 $4x^2 + 9y^2 = 45$일 때, $4x + 3y$의 최댓값을 구하시오.

기 | 본 | 예 | 제 **29**

실수 x, y, z에 대하여 $x^2 + y^2 + z^2 = 1$일 때, $|3x + 2y + z|$의 최댓값을 구하시오.

탐구 제곱제곱 + 일차의 동차식 → 코시-슈바르츠의 부등식 이용
➔ $\left(a^2 + b^2 + c^2\right)\left(x^2 + y^2 + z^2\right) \geq (ax + by + cz)^2$ 이용!

풀이 x, y, z가 실수이므로 코시-슈바르츠의 부등식에서
$$\left(3^2 + 2^2 + 1^2\right)\left(x^2 + y^2 + z^2\right) \geq (3x + 2y + z)^2$$
$$14 \geq (3x + 2y + z)^2$$
$$-\sqrt{14} \leq 3x + 2y + z \leq \sqrt{14}$$
$$\therefore\ 0 \leq |3x + 2y + z| \leq \sqrt{14}$$
따라서 $|3x + 2y + z|$ 의 최댓값은 $\sqrt{14}$이다.

정답 $\sqrt{14}$

유제 29-1 실수 x, y, z에 대하여 $(x + 3y + 4z)^2 = 52$일 때, $x^2 + y^2 + z^2$의 최솟값을 구하시오.

유제 29-2 실수 x, y, z에 대하여 $x^2 + y^2 + z^2 = 5$이고, $ax + by + cz$의 최댓값이 $5\sqrt{2}$일 때, $a^2 + b^2 + c^2$의 값을 구하시오.

가장 좋은 학습방법은 학교에서나 학원에서나 선생님의 강의를 열심히 듣고 여러 번 반복학습하는 것입니다.
지금부터 당장 선생님의 강의를 열심히 듣고 반복! 반복하십시오. 그러면 곧 모든 과목에 자신이 생길 것입니다.

회수	시작이 반!			끝을 봐야!			확인
제1회	년	월	일 부터	년	월	일 까지	
제2회	년	월	일 부터	년	월	일 까지	
제3회	년	월	일 부터	년	월	일 까지	
제4회	년	월	일 부터	년	월	일 까지	
제5회	년	월	일 부터	년	월	일 까지	
제6회	년	월	일 부터	년	월	일 까지	
제7회	년	월	일 부터	년	월	일 까지	
제8회	년	월	일 부터	년	월	일 까지	
제9회	년	월	일 부터	년	월	일 까지	
제10회	년	월	일 부터	년	월	일 까지	

▶ 연습문제 A는 앞에서 배운 기초 단계의 문제이므로 선생님의 도움 없이 스스로
풀어 자신의 실력을 점검해 보도록 하자.

01 다음 중 명제인 것을 모두 고르시오.
① 무궁화 꽃은 아름답다.
② 대한민국의 수도는 서울이다.
③ 2는 소수가 아니다.
④ 대학에 가고 싶다.
⑤ 0.01은 매우 작은 유리수이다.

02 다음 중 조건인 것을 모두 고르시오. (단, x, y는 실수)

① $|x| > y$ ② $|x| \geq 0$ ③ $x^2 + y^2 > 0$

④ $x^2 \geq 0$ ⑤ $x + 2 = 7$

03 다음 명제 또는 조건의 부정을 말하시오.
(1) 2는 짝수이거나 소수이다.
(2) $|-2| = 2$ 그리고 $\sqrt{4} \neq 4$

04 a, b, c가 실수일 때, $a^2 + b^2 + c^2 = 0$의 부정을 말하시오.

05 $A = \{x \mid x < -1\}$, $B = \{x \mid x \leq 0\}$일 때, $x(x+1) \leq 0$의 진리집합을 A, B를 이용
하여 나타내시오.

06 다음 문장을 'p이면 q이다'의 꼴로 나타내시오.

   (1) 여름은 날씨가 덥다.

   (2) 겨울에는 눈이 많이 온다.

07 전체집합 U에서 조건 p와 q의 진리집합을 P, Q라 하자. 명제 $p \rightarrow q$가 참일 때, 다음 중 옳지 않은 것을 고르시오.

   ① $P \subset Q$ ② $P^C \cup Q = U$ ③ $P \cap Q^C = \varnothing$

   ④ $P \cup Q^C = U$ ⑤ $P \cup Q = Q$

08 다음 명제의 참, 거짓을 판별하시오.

   (1) $x = 2$이면 $x^2 - 5x + 6 = 0$이다.

   (2) $x^2 = 4$이면 $x = 2$이다.

09 두 조건 p, q가

$$p : 0 < x < 3, \qquad q : x < a$$

일 때, 명제 $p \rightarrow q$가 참이 되도록 하는 상수 a의 범위를 구하시오.

10 전체집합 U에 대하여 두 조건 p, q의 진리집합을 각각 P, Q라 할 때, 두 집합 P, Q 사이의 포함관계가 오른쪽 그림과 같다고 한다. 이때 참인 명제를 고르시오.

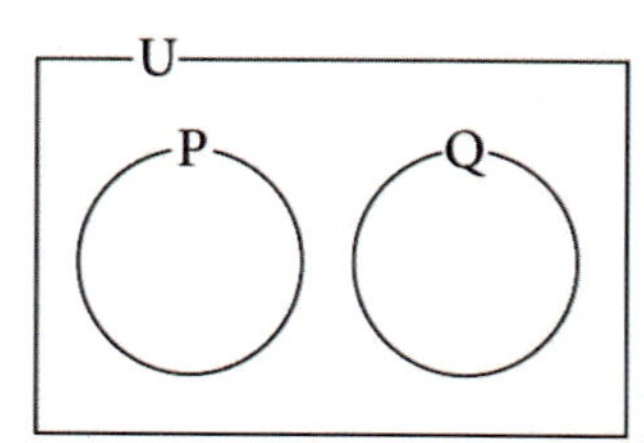

   ① $p \rightarrow q$ ② $q \rightarrow p$ ③ $p \rightarrow \sim q$ ④ $\sim q \rightarrow p$ ⑤ $\sim p \rightarrow q$

11 다음 명제의 참, 거짓을 판별하시오.

(1) 모든 실수 x에 대하여 $|x-1| \geq 0$이다.

(2) 어떤 실수 x에 대하여 $x^2+1 \leq 0$이다.

12 다음 명제의 부정을 말하시오.

(1) A회사의 모든 직원은 남자이다.

(2) 어떤 실수 x에 대하여 $|x| < 0$이다.

13 '이번 일요일에 체육대회가 열리지 않으면 그날 날씨는 맑지 않다.'의 대우를 말하시오.

14 명제 '자연수 x, y에 대하여 $x^2 + y^2$이 홀수이면 xy는 짝수이다.'의 역과 대우를 말하고, 참, 거짓을 판별하시오.

15 명제 '$x^2 + 2kx + 3 \neq 0$이면 $x \neq -3$이다.'가 참이 될 때, 상수 k의 값을 구하시오.

16 다음 중 옳은 것을 고르시오.

① $p \Rightarrow r$, $q \Rightarrow r$이면 $p \Rightarrow q$

② $q \Rightarrow \sim p$, $\sim q \Rightarrow r$이면 $\sim p \Rightarrow r$

③ $p \Rightarrow \sim q$, $\sim r \Rightarrow \sim q$이면 $\sim p \Rightarrow r$

④ $p \Rightarrow q$, $\sim r \Rightarrow \sim q$이면 $p \Rightarrow \sim r$

⑤ $p \Rightarrow \sim q$, $r \Rightarrow q$이면 $p \Rightarrow \sim r$

17 두 명제 '봄이 오면 따뜻하다.', '따뜻하면 꽃이 핀다.'가 모두 참이라고 할 때, 다음 명제 중 반드시 참이라고 할 수 없는 것을 모두 고르시오.

① 따뜻하지 않으면 봄이 오지 않는다.

② 봄이 오면 꽃이 핀다.

③ 꽃이 피면 봄이 온다.

④ 꽃이 피지 않으면 봄이 오지 않는다.

⑤ 봄이 오면 꽃이 피지 않는다.

18 'A $\Rightarrow$ B, B $\Leftrightarrow$ C, D $\Rightarrow$ C, B $\Rightarrow$ D일 때, A는 C이기 위한 (   )조건이고, B는 D이기 위한 (   )조건이고, D는 A이기 위한 (   )조건이다.'의 (   ) 안에 들어갈 말을 순서대로 쓰시오.

19 A가 B이기 위한 필요조건인 것을 고르시오.

① A : $x > 0,\ y > 0$, B : $xy > 0$ ② A : $x > 3$, B : $x^2 > 3^2$

③ A : $x = y$, B : $mx = my$ ④ A : $x^2 = 2x$, B : $x = 2$

⑤ A : $x = 3$, B : $x^2 - 2x - 3 = 0$

20 두 조건

$$p: -3 < x-a \le 3, \quad q: -1 \le 2x-5 < 19$$

에 대하여 p가 q이기 위한 충분조건이 되게 하는 모든 정수 a의 값의 합을 구하시오.

21 전체집합 U에 대하여 두 조건 p, q의 진리집합이 각각 P, Q라 하자. 이때 $\sim q$는 $\sim p$이기 위한 충분조건이라면 다음 〈보기〉 중 옳지 않은 것을 고르시오.

〈 보기 〉

ㄱ. $P \cap Q = P$ ㄴ. $P \subset Q$ ㄷ. $P \cup Q = Q$ ㄹ. $P \cap Q^C = U$

---

22 명제 '자연수 n에 대하여 n^2이 짝수이면 n이 짝수이다.'가 참임을 대우를 이용하여 증명하시오.

23 명제 '$1 + \sqrt{3}$ 은 무리수이다.'가 참임을 귀류법을 이용하여 증명하시오.

24 $a \ge 0$일 때, $\sqrt{1+2a}$ 와 $1+a$의 대소를 비교하시오.

25 두 수 15^{10}과 2^{41}의 대소를 비교하시오.

26 a, b가 실수일 때, 부등식 $a^2 + b^2 \geq ab$가 성립함을 증명하시오.

27 $x > 0,\ y > 0$일 때, 다음을 구하시오.
  (1) $xy = 3$일 때, $x + 3y$의 최솟값   (2) $x + 4y = 4$일 때, xy의 최댓값

28 $a > 0,\ b > 0$일 때, $\left(a + \dfrac{1}{b}\right)\left(b + \dfrac{4}{a}\right)$의 최솟값을 구하시오.

29 실수 x, y에 대하여 $x^2 + y^2 = 1$일 때, $2x + 3y$의 최댓값과 최솟값을 구하시오.

30 실수 x, y, z에 대하여 $x^2 + y^2 + z^2 = 1$일 때, $|3x + 2y + z|$의 최댓값을 구하시오.

▶ 연습문제 B는 앞에서 배운 중급 단계의 문제이므로 선생님의 도움 없이 스스로
풀어 자신의 실력을 점검해 보도록 하자.

01 다음 중 참인 명제를 모두 고르시오.
① $x^2 - 4x + 4 = (x-2)^2$
② $x^2 - 4x + 5 = (x+1)(x-5)$
③ 모든 실수 x에 대하여 $x^2 \geq 0$이다.
④ 소수는 모두 홀수이다.
⑤ $x+y$가 정수이면 x, y도 정수이다.

02 다음을 명제와 조건으로 구분하시오.
(1) 0은 음이 아닌 정수이다.　　(2) x는 음이 아닌 정수이다.
(3) $2 > 3$　　(4) $x > y$

03 조건 $-2 \leq x < 5$의 부정을 말하시오.

04 조건 '$x = y = z$'의 부정이 옳지 않은 것은?
① $x \neq y \neq z$
② $(x \neq y)$ 또는 $(y \neq z)$ 또는 $(z \neq x)$
③ x, y, z 중에 어떤 두 수는 서로 다르다.
④ x, y, z 중에 서로 다른 두 수가 존재한다.
⑤ x, y, z 중에 적어도 두 수는 다르다.

05 실수 전체의 집합 R에서의 조건 $p(x) : x^2 - 3x \leq 0$, $q(x) : x^2 + x - 2 > 0$에 대하여 조건 $\sim \{p(x)$이거나 $\sim q(x)\}$의 진리집합을 구하시오.

06 명제 '정사각형은 네 각이 직각이다.'의 가정과 결론을 말하시오.

07 전체집합 U에서의 조건 $p(x)$, $q(x)$의 진리집합을 각각 P, Q라 한다.
명제 '$p(x) \rightarrow q(x)$'가 참일 때, 다음 중 옳은 것을 모두 고르시오.
① $P \supset Q$ ② $P^C \cup Q = U$ ③ $P^C \supset Q^C$
④ $P \cap Q = Q$ ⑤ $P \cup Q^C = U$

08 다음 명제의 참, 거짓을 판별하시오.
(1) $xy > 0$이면 $x + y > 0$이다.
(2) $x = 1$이면 $x^2 + x - 2 = 0$이다.

09 두 조건 p, q가
$$p : |x-1| \le k, \quad q : |x-2| < 4$$
일 때, 명제 $p \rightarrow q$가 참이 되도록 하는 양의 정수 k의 최댓값을 구하시오.

10 전체집합 U에 대하여 세 조건 p, q, r의
진리집합을 각각 P, Q, R라 할 때, 세 집합
P, Q, R 사이의 포함관계가 오른쪽 그림과
같다고 한다. 이때 참인 명제를 모두 고르시오.

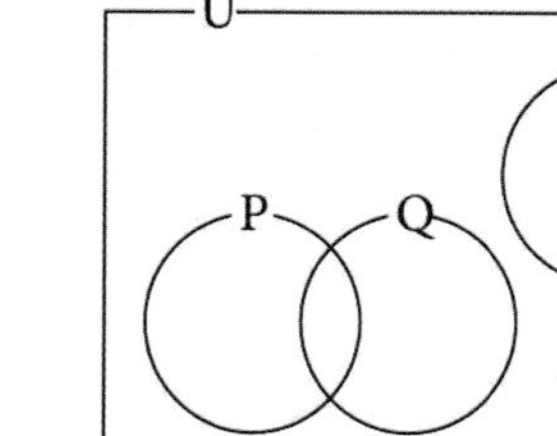

① $r \rightarrow \sim p$ ② $q \rightarrow r$ ③ $q \rightarrow \sim r$
④ $p \rightarrow r$ ⑤ $q \rightarrow \sim p$

11 명제 '모든 실수 x에 대하여 $x^2+2ax+2a+3 \geq 0$이다.'가 참이 되게 하는 정수 a의 개수를 구하시오.

12 명제 '어떤 실수 x에 대하여 $x^2+kx+k+3=0$이다.'가 참이 되게 하는 양수 k의 최솟값을 구하시오.

13 다음 명제의 부정을 말하고 참, 거짓을 판별하시오.
(1) 모든 자연수 x에 대하여 $-x < 0$이다.
(2) 어떤 정수 x, y에 대하여 $x+y > 0$이다.

14 a, b가 유리수일 때, 명제 '$a+b\sqrt{2}=0$이면 $a=0$이고 $b=0$이다.'의 대우로 알맞은 것을 고르시오.

① $a=0$이고 $b=0$이면 $a+b\sqrt{2}=0$이다.

② $a+b\sqrt{2} \neq 0$이면 $a \neq 0$ 또는 $b \neq 0$이다.

③ $a \neq 0$이고 $b \neq 0$이면 $a+b\sqrt{2} \neq 0$이다.

④ $a \neq 0$ 또는 $b \neq 0$이면 $a+b\sqrt{2} \neq 0$이다.

⑤ $a=0$ 또는 $b=0$이면 $a+b\sqrt{2}=0$이다.

15 다음 〈보기〉 중에서 명제의 역이 참인 것을 모두 고르시오.

〈 보기 〉

ㄱ. $x^3=1$이면 $x=1$이다.

ㄴ. $x \geq 1$이고 $y \geq 1$이면 $x+y \geq 2$이다.

ㄷ. $x^2 > 0$이면 $x > 0$이다.

---

16 명제 '$x+y \leq 0$이면 $x \leq -1$ 또는 $y \leq k$이다.'가 참이 되게 하는 상수 k의 최솟값을 구하시오.

17 세 명제 $p \rightarrow \sim q$, $\sim r \rightarrow q$, $\sim s \rightarrow \sim r$가 모두 참일 때, 다음 명제 중 참인 것은?

① $\sim p \rightarrow \sim s$　　　　② $\sim p \rightarrow s$　　　　③ $p \rightarrow s$

④ $s \rightarrow p$　　　　⑤ $\sim s \rightarrow p$

18 다음 사실로부터 내릴 수 있는 결론 중 참인 것은?

> Ⅰ. 빛깔이 선명하지 않은 꽃은 잎이 많지 않다.
> Ⅱ. 꽃송이가 작은 것은 봄에 핀다.
> Ⅲ. 빛깔이 선명한 꽃은 줄기가 길다.
> Ⅳ. 빛깔이 선명하지 않은 꽃은 봄에 피지 않는다.

① 꽃송이가 작은 꽃은 줄기가 길지 않다.

② 줄기가 긴 꽃은 잎이 많다.

③ 잎이 많은 꽃은 봄에 핀다.

④ 봄에 피지 않는 꽃은 줄기가 길지 않다.

⑤ 빛깔이 선명하지 않은 꽃은 꽃송이가 작지 않다.

19 네 조건 p, q, r, s에 대하여 $p \Rightarrow q$, $r \Rightarrow p$, $s \Rightarrow r$, $q \Rightarrow s$일 때, 'p가 s이기 위한 (　　　)조건이다.'에서 (　　　) 안에 알맞은 말을 쓰시오.

20 다음 $\square$ 안에 필요조건, 충분조건, 필요충분조건 중 알맞은 말을 써넣으시오.

(1) a, b가 실수일 때, $ab \neq 0$은 $a \neq 0$이고 $b \neq 0$이기 위한 $\boxed{}$이다.

(2) a, b가 실수일 때, $a^2 + b^2 \neq 0$은 $a \neq 0$이고 $b \neq 0$이기 위한 $\boxed{}$이다.

(3) a, b가 실수일 때, $a < b$는 $|a-b| > a-b$이기 위한 $\boxed{}$이다.

21 세 조건 p, q, r가

$\quad p: 1 < x \leq 3, \ q: x < a, \ r: x \geq b$

일 때, $\sim p$는 $\sim r$이기 위한 필요조건이고, p는 q이기 위한 충분조건이다. 이때 이를 만족하는 정수 a, b에 대하여 $a - b$의 최솟값을 구하시오.

22 전체집합 U에 대하여 세 조건 p, q, r의 진리집합이 각각 P, Q, R이라 하자. 이때 p는 q이기 위한 충분조건이고, r은 q이기 위한 필요조건일 때, 다음 〈보기〉 중 옳지 않은 것을 고르시오.

── 〈 보기 〉 ──
ㄱ. $P \subset R$ ㄴ. $P \cup Q \subset R^C$ ㄷ. $P^C \cap R^C \subset Q^C$

23 명제 'a, b, c가 양의 정수일 때, $a^2 + b^2 = c^2$이면 a, b, c 중 적어도 하나는 짝수이다.'가 참임을 대우를 이용하여 증명하시오.

24 $\sqrt{2}$가 유리수가 아님을 귀류법을 이용하여 증명하시오.

25 $0 < a < 2$일 때, $2 - \sqrt{4 - a^2}$ 과 $\dfrac{a^2}{5}$ 의 대소를 비교하시오.

26   실수 a, b, c에 대하여 부등식 $a^2 + b^2 + c^2 \geq ab + bc + ca$가 성립함을 증명하시오.

27   양수 x, y에 대하여 $5x^2 + 2y^2 = 10$일 때, xy의 최댓값을 구하시오.

28 $x > \dfrac{1}{2}$일 때, $2x + \dfrac{4}{2x - 1}$ 의 최솟값을 구하시오.

29   실수 x, y에 대하여 $4x^2 + 9y^2 = 45$일 때, $4x + 3y$의 최댓값을 구하시오.

30   실수 x, y, z에 대하여 $x^2 + y^2 + z^2 = 5$이고, $ax + by + cz$의 최댓값이 $5\sqrt{2}$일 때, $a^2 + b^2 + c^2$의 값을 구하시오.

III 함수

**Ⅲ.
함수**

PART 01

함수

- ◆ 중·고교 연결과정 선수학습
- **1** 함수의 정의와 그래프
- **2** 여러 가지 함수
- **3** 합성함수
- **4** 역함수
- ◆ 반복학습 기록란
- ◆ 연습문제 (A) (B)

어리석은 자는 멀리서 행복을 찾고,
현명한 자는 자신의 발치에서 행복을 키워간다.
- 제임스 오펜하임 -

1 함수

→ 두 변수 x, y에 대하여 모든 x에 오직 한 개의 y가 정해질 때, y는 x의 **함수**라 하고 기호로 $y = f(x)$라 한다.

강의 y가 x의 함수이려면 모든 x에 오직 한 개의 y가 정해져야 한다!

조건 ① x·빠·無 → x : 전부 사용

→ 대응에서 x는 빠지는 것이 없어야 한다.

조건 ② y·꼭·일 → 1:1, 多:1 (○) → 1:多 (×)

→ 대응에서 y는 오직 한 개만 정해져야 한다.

無(없을 무) 多(많을 다)

기|본|예|제 01

500원짜리 공책 x권을 샀을 때 지불해야 하는 금액을 y원이라 한다. 다음 표를 완성하고, y가 x의 함수인지 아닌지 말하시오.

x (권)	1	2	3	4
y (원)				

탐구 y가 x의 함수일 조건 → 모든 x에 오직 한 개의 y가 정해져야 한다.

풀이 표를 완성하면

x (권)	1	2	3	4
y (원)	500	1000	1500	2000

따라서 모든 x에 오직 한 개의 y가 정해지므로 y가 x의 함수이다.

정답 풀이 참조

유제 01-1 y는 x의 약수일 때, 다음 표를 완성하고 y가 x의 함수인지 아닌지 말하시오.

x	1	2	3	4
y				

유제 01-2 다음 중 y가 x의 함수인 것을 고르시오.

㉠ 자연수 x의 배수 y

㉡ 자연수 x와 서로소인 자연수 y

㉢ 10보다 작은 자연수 x보다 큰 한 자리 자연수의 개수 y

2 함숫값

→ 함수 $y=f(x)$에서 x의 값에 따라 정해지는 y의 값을 x에 대한 **함숫값**이라 한다.

> **강의** $x=a$일 때의 함숫값은 $f(a)$로 나타낸다!
>
> → $y=f(x)$에서 $x=a$일 때의 함숫값 → $f(a)$

기|본|예|제 02

함수 $f(x)=2x+3$에 대하여 다음을 구하시오.

(1) $f(0)$ (2) $f(1)$ (3) $f\left(-\dfrac{1}{2}\right)$ (4) $f(-2)$

탐구 $x=a$일 때의 함숫값 → $f(a)$

풀이   (1) $f(0)=2\times0+3=3$

(2) $f(1)=2\times1+3=5$

(3) $f\left(-\dfrac{1}{2}\right)=2\times\left(-\dfrac{1}{2}\right)+3=2$

(4) $f(-2)=2\times(-2)+3=-1$

정답   (1) 3   (2) 5   (3) 2   (4) -1

유제 02-1 함수 $f(x)=\dfrac{10}{x}$에 대하여 다음을 구하시오.

(1) $f(1)$ (2) $f(-2)$ (3) $f(5)$ (4) $f\left(\dfrac{1}{3}\right)$

유제 02-2 함수 $f(x)=4x-1$에 대하여 $f(a)=7$일 때, $f(b)=a$를 만족하는 상수 b의 값을 구하시오.

01 함수의 정의와 그래프

[1] X에서 Y로의 대응

→ 집합 X의 각 원소에 대하여 집합 Y의 원소가 정해지는 것을 X에서 Y로의 **대응**이라 한다.

→ 이때 집합 X의 원소 x에 집합 Y의 원소 y가 짝지어지면 x에 y가 대응한다고 하고 기호 $x \to y$와 같이 나타낸다.

[2] X에서 Y로의 함수

→ 집합 X의 각 원소에 대하여 집합 Y의 원소가 오직 한 개씩만 대응하는 것을 X에서 Y로의 **함수**라 한다.

강의 X에서 Y로의 대응은 X의 모든 원소에 Y의 원소가 정해지는 것이다!

조건 ① $X \cdot$빠$\cdot$무   → X : 전부 사용

    → 대응에서 X의 원소가 빠지는 것이 없어야 한다.

대응 1 : 1, 多 : 1, 1 : 多, 多 : 多 (○)

無(없을 무)   多(많을 다)

강의 X에서 Y로의 함수는 X의 모든 원소에 Y의 원소가 오직 한 개만 정해지는 것이다!

조건 ① $X \cdot$빠$\cdot$무   → X : 전부 사용

    → 대응에서 X의 원소가 빠지는 것이 없어야 한다.

조건 ② $Y \cdot$꼭$\cdot$일

    → 대응에서 Y의 원소가 오직 한 개만 정해져야 한다.

    → 함수 1 : 1, 多 : 1 (○) → 1 : 多, 多 : 多 (×)

주의 함수는 대응의 부분집합이다.

    → 함수 ⊂ 대응

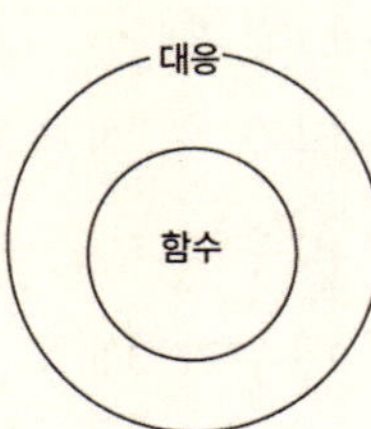

두 집합 $X=\{-2, -1, 0, 1, 2\}$, $Y=\{1, 2, 3, 4, 5\}$에 대하여 X에서 Y로의 함수가 아닌 것을 고르시오.

① $y=|x|+1$ ② $y=2x-1$ ③ $y=x^2+1$

④ $y=x+3$ ⑤ $y=-x+3$

탐구 X에서 Y로의 함수일 조건 → 조건 1. X의 모든 원소에 대응
조건 2. Y의 원소 하나에만 대응

풀이 ② $y=2x-1$에 대하여 $x=-2, -1, 0$일 때, y의 값은 각각 $-5, -3, 1$이므로 공역 Y의 원소가 아니다. 따라서 X의 원소 중 세 원소 $-2, -1, 0$에 대하여 대응하는 원소가 존재하지 않으므로 함수가 아니다.

정답 ②

유제 01-1 다음 중 집합 X에서 집합 Y로의 함수가 아닌 것을 모두 고르시오.

① 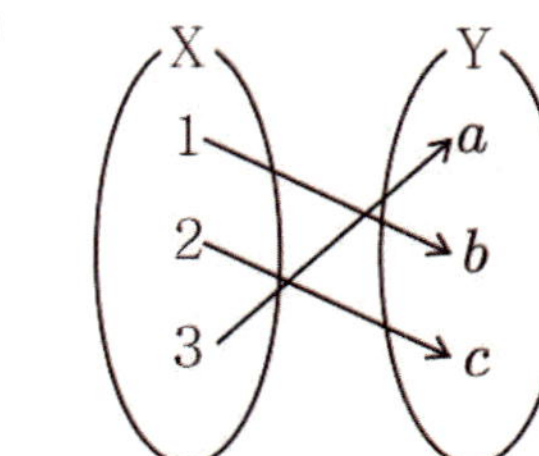 ② 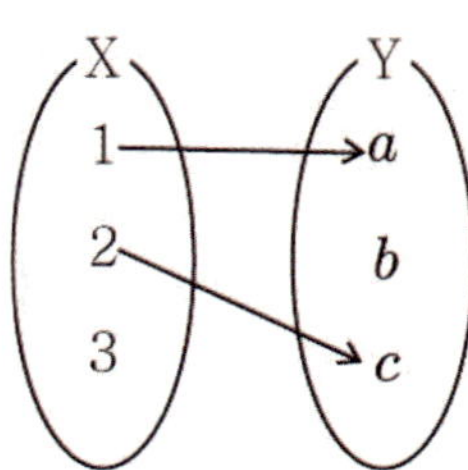 ③ 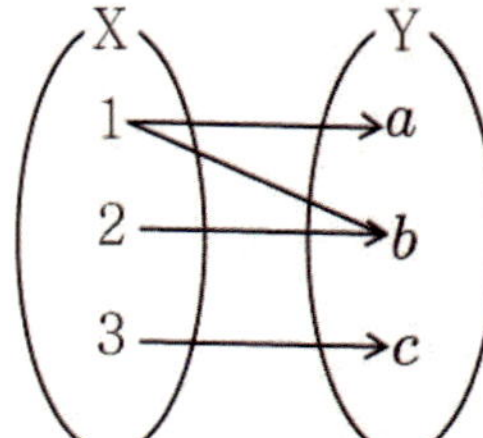

④ 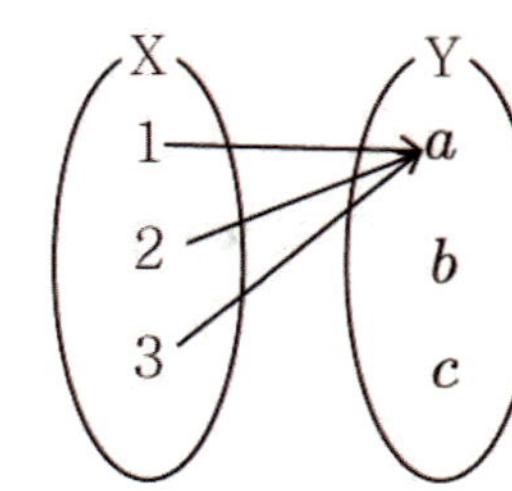 ⑤ 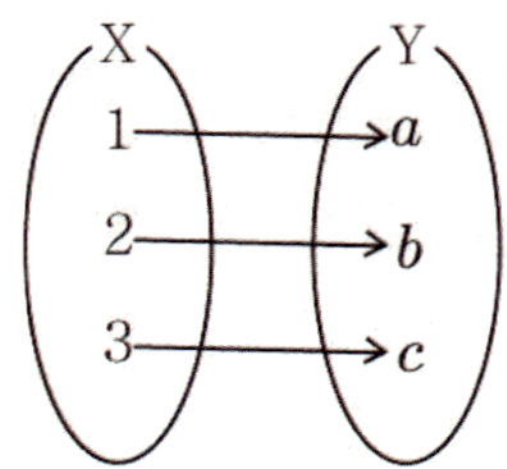

유제 01-2 두 집합 $X=\{2, 3, 4, 5\}$, $Y=\{1, 2, 3, 4, 5, 6\}$에 대하여 다음 중 $f: X \to Y$가 함수인 것은? (단, $x \in X$)

① x에 x의 양의 약수가 대응한다.
② x에 x의 양의 약수의 개수가 대응한다.
③ x에 x의 양의 배수가 대응한다.
④ x에 x의 15 이하의 양의 배수의 개수가 대응한다.
⑤ x에 x의 양의 약수의 총합이 대응한다.

  X에서 Y로의 함수의 표시법

→ 집합 X에서 집합 Y로의 함수 f를

$f : X \rightarrow Y$ 또는 $X \xrightarrow{f} Y$ 로 나타낸다.

이때 X를 함수 f의 **정의역**,
Y를 **공역**이라 한다.

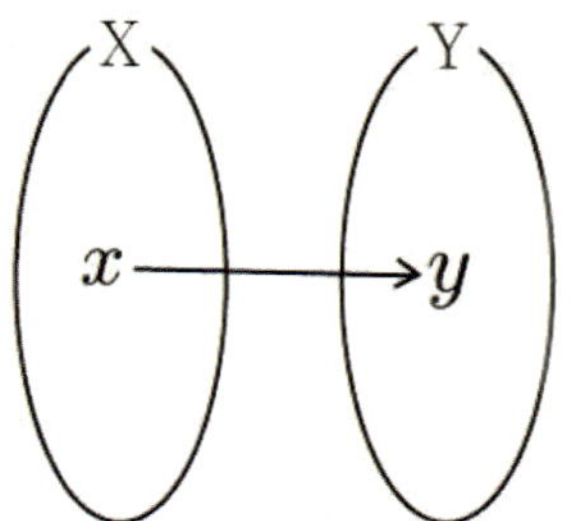

체크 **정의역과 공역**

→ 함수의 정의역이나 공역이 따로 주어지지 않을 때, 정의역은 함수가 정의되는 모든 실수의 집합
으로 보고, 공역은 실수 전체 집합으로 본다.

강의 **함수는 여러 가지 방법으로 표시된다!**

① 집합 이용 $f : X \rightarrow Y,\ X \xrightarrow{f} Y$

② 원소 이용 $f : x \rightarrow y,\ x \xrightarrow{f} y,\ y = f(x)$

주의 **함수의 방향성**

① $X \xrightarrow{f} Y$ → $y = f(x)$ → y가 x의 함수

② $Y \xrightarrow{g} X$ → $x = g(y)$ → x가 y의 함수

강의 **정의역은 함수의 그래프의 존재 범위를 의미한다!**

→ 그래프 연상

① 다항함수 → $X : x$는 모든 실수

② 무리함수 → $X : (\sqrt{\ }\ 속) \geq 0$인 모든 실수

③ 분수함수 → $X : (분모) \neq 0$인 모든 실수

다음 함수의 정의역을 구하시오.

(1) $y = 2x - 3$　　　　(2) $y = \dfrac{5}{x-3}$　　　　(3) $y = \sqrt{x-3}$

탐구　그래프 연상 $\rightarrow$ 연속, 불연속 조사 $\rightarrow$ 판단

① 다항함수 $\rightarrow$ X : x는 모든 실수

② 무리함수 $\rightarrow$ X : $(\sqrt{\ }$속$) \geq 0$인 모든 실수

③ 분수함수 $\rightarrow$ X : (분모)$\neq 0$인 모든 실수

풀이

(1) $y = 2x - 3$: 다항함수 $\rightarrow$ 연속

$\rightarrow X = \{x \mid x$는 모든 실수$\}$

(2) $y = \dfrac{5}{x-3}$: 분수함수 $\rightarrow$ 불연속

$\rightarrow X = \{x \mid x \neq 3$인 모든 실수$\}$

(3) $y = \sqrt{x-3}$: 무리함수 $\rightarrow$ $x - 3 \geq 0$인 범위에서 연속

$\rightarrow X = \{x \mid x \geq 3$인 모든 실수$\}$

정답　(1) $\{x \mid x$는 모든 실수$\}$　(2) $\{x \mid x \neq 3$인 모든 실수$\}$　(3) $\{x \mid x \geq 3$인 모든 실수$\}$

유제 02-1　오른쪽 그림을 보고 집합 X에서 집합 Y로의
함수의 정의역과 공역을 구하시오.

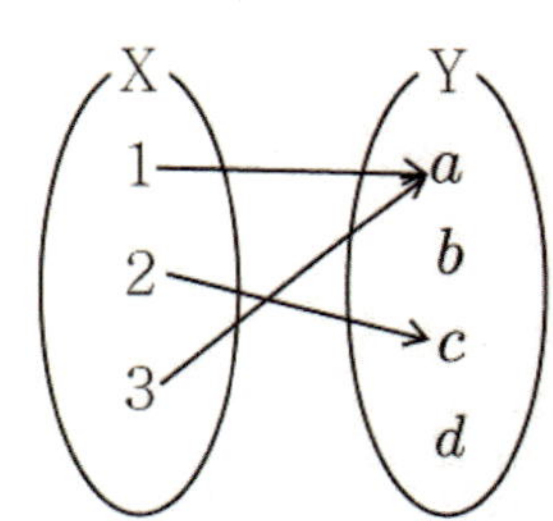

유제 02-2　다음 함수의 정의역을 구하시오.

(1) $y = x^2 - 2x$

(2) $y = \sqrt{4 - x^2}$

(3) $y = \dfrac{5}{(x+1)(x-2)}$

(1) 함숫값 전체의 집합을 함수 f의 **치역**이라 한다.

➜ $f(X) = \{f(x) \mid x \in X\}$

(2) 함수 $f : X \to Y$의 치역은 공역 Y의 부분집합이다.

➜ $f(X) \subset Y$

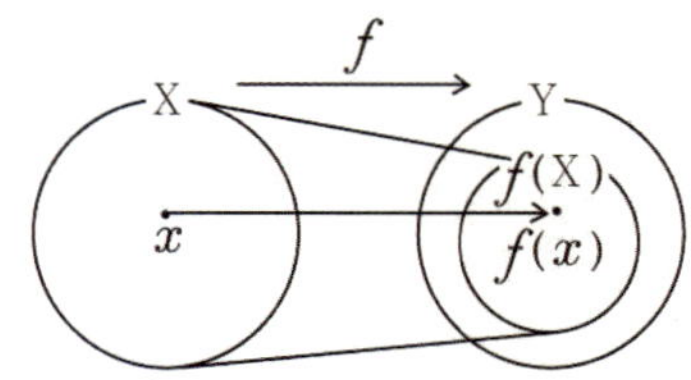
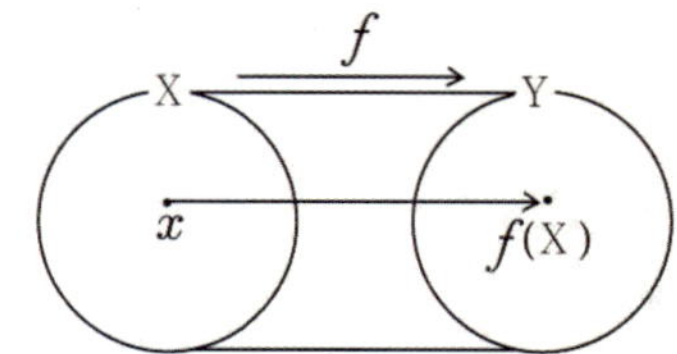

강의 **공역 Y 중 사용된 것만을 치역 $f(X)$라 한다!**

➜ 함수 $f : X \to Y$, $y = f(x)$일 때

① 치역 : 함숫값 $f(x)$의 전체 집합

→ $f(X) = \{f(x) \mid x \in X\}$

② 치역 : Y 중 사용된 것만의 집합

→ $f(X) \subset Y$

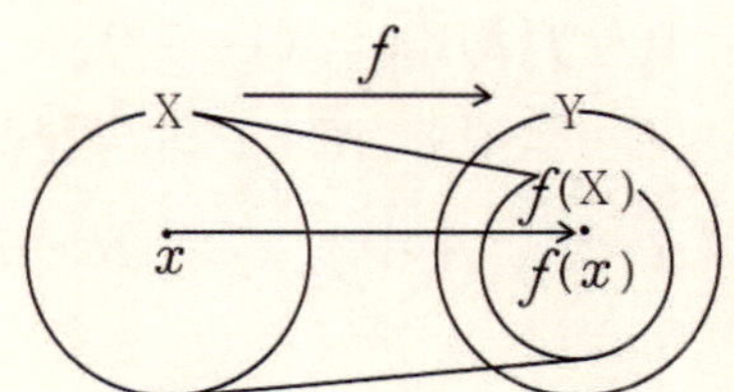

기 | 본 | 예 | 제 03

$N = \{n \mid 1 \leq n \leq 20,\ n$은 자연수$\}$이고 $f(n)$은 n의 양의 약수들의 총합이라 정의할 때, $f(n) = n+1$을 만족하는 함수의 정의역 X와 치역 $f(X)$을 구하시오.

탐구 소수는 1과 자신 외에는 약수를 갖지 않는 수

풀이 n이 소수이면 1과 자신 n만을 약수로 가지므로 $f(n) = n+1$을 만족한다. 따라서 정의역 $X = \{2, 3, 5, 7, 11, 13, 17, 19\}$이고 치역 $f(X) = \{3, 4, 6, 8, 12, 14, 18, 20\}$이다.

정답 $X = \{2, 3, 5, 7, 11, 13, 17, 19\}$, $f(X) = \{3, 4, 6, 8, 12, 14, 18, 20\}$

유제 03-1 집합 $X = \{0, 1, 2\}$를 정의역으로 하는 함수 $f : X \to Y$를 $f(x) = 2x^2 - 3$이라 정의할 때, 함수 f의 치역을 구하시오.

유제 03-2 임의의 자연수 n에 대하여 n의 양의 약수들의 총합을 $f(n)$이라 하자. 예를 들면, $f(3) = 1 + 3 = 4$, $f(4) = 1 + 2 + 4 = 7$이다. 다음 〈보기〉 중 옳지 않은 것을 고르시오.

> ── 〈 보기 〉──
> ㄱ. $f(10) = 18$
> ㄴ. $f(n) = n+1$이면 n은 소수이다.
> ㄷ. 임의의 자연수 m, n에 대하여 $f(mn) = f(m)f(n)$이다.

[1] 순서쌍 : (x, y)

➜ X의 한 원소 x와 Y의 한 원소 y를 취하여 순서를 생각해서 만든 x와 y의 쌍 (x, y)를 **순서쌍**이라 한다.

[2] 곱집합 $X \times Y$

➜ 곱집합 $X \times Y$는 $x \in X$, $y \in Y$인 모든 순서쌍 (x, y)의 집합을 X, Y의 **곱집합**이라 한다.

➜ $X \times Y = \{(x, y) \mid x \in X, y \in Y\}$

[3] 그래프 : G

(1) 함수 $f : X \to Y$, $y = f(x)$에서 변수 x와 함숫값 $f(x)$의 순서쌍 $(x, f(x))$의 전체의 집합을 함수 $y = f(x)$의 **그래프**라 한다.

➜ $G = \{(x, f(x)) \mid x \in X\}$

(2) 그래프 G는 곱집합 $X \times Y$의 **부분집합**이다.

➜ $X \subset R$, $Y \subset R$이면, G는 $R \times R$, 즉 R^2의 부분집합이다.

체크 그래프 G의 기하학적 표시

➜ $G = \{(x, f(x)) \mid x \in X\}$의 원소들을 좌표평면 위에 점으로 나타낸 것을 그래프 G의 기하학적 표시라 한다.

➜ 우리가 보통 사용하는 '그래프'란 말은 그래프의 기하학적 표시에 의해 나타난 '도형'을 말한다.

강의 곱집합은 모든 순서쌍의 집합이고, 그래프는 순서쌍 $(x, f(x))$의 집합이다!

(1) 곱집합

➜ 곱집합 = {모든 순서쌍}

➜ $X \times Y = \{(x, y) \mid x \in X, y \in Y\}$

(2) 그래프 G

➜ 그래프 = {x와 $f(x)$의 순서쌍}

➜ $G = \{(x, f(x)) \mid x \in X\}$

➜ $G \subset X \times Y \to G \subset R \times R \to G \subset R^2$ (R : 실수의 집합)

주의 우리가 일반적으로 말하는 함수의 그래프라는 것은 그래프 G를 좌표평면 위에 도시한 것이다.

다음은 함수 $f : X \to Y$를 그림으로 나타낸 것이다.

(1) 곱집합 $X \times Y$를 구하시오.

(2) 그래프 G를 구하시오.

(3) 그래프 G를 좌표평면 위에 나타내시오.

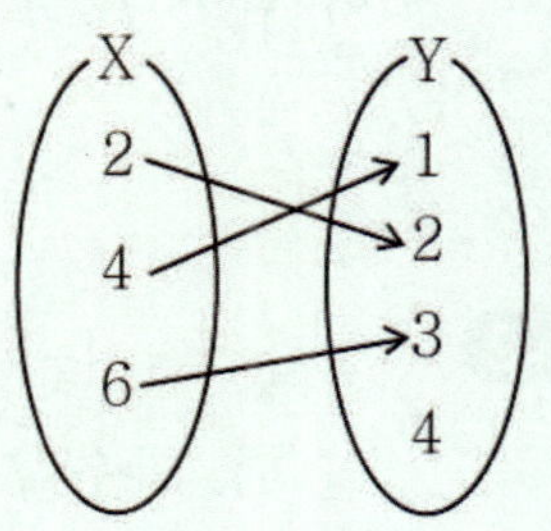

탐구

① 곱집합 $X \times Y = \{(x, y) \,|\, x \in X,\, y \in Y\}$

② 그래프 $G = \{(x, f(x)) \,|\, x \in X\}$

풀이

(1) 곱집합 $X \times Y = \{(x, y) \,|\, x \in X,\, y \in Y\}$이므로

$$X \times Y = \{(2, 1),\ (2, 2),\ (2, 3),\ (2, 4),\ (4, 1),\ (4, 2),\ (4, 3),\ (4, 4),\ (6, 1),$$
$$(6, 2),\ (6, 3),\ (6, 4)\}$$

(2) 그래프 $G = \{(x, f(x)) \,|\, x \in X\}$이므로

$$G = \{(2, 2),\ (4, 1),\ (6, 3)\}$$

(3) 그래프 G를 좌표평면 위에 나타내면 다음과 같다.

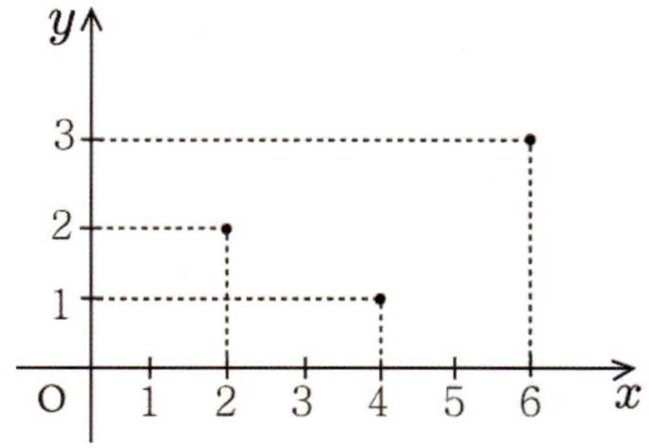

정답

(1) $X \times Y = \{(2, 1),\ (2, 2),\ (2, 3),\ (2, 4),\ (4, 1),\ (4, 2),\ (4, 3),\ (4, 4),\ (6, 1),$
$\phantom{X \times Y = \{} (6, 2),\ (6, 3),\ (6, 4)\}$

(2) $G = \{(2, 2),\ (4, 1),\ (6, 3)\}$

(3)

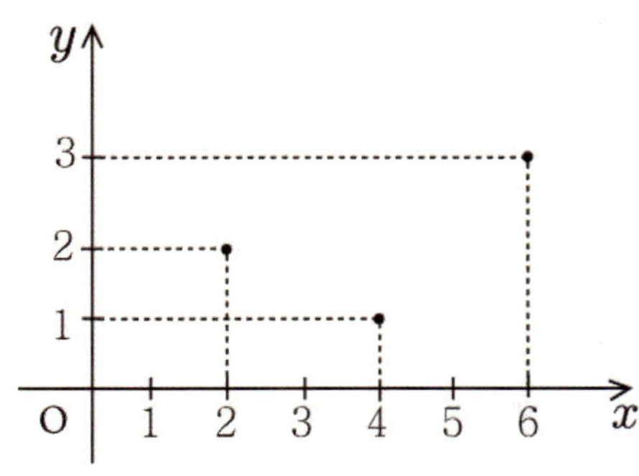

두 집합 $X=\{x\,|\,1\leq x\leq 5,\ x\text{는 정수}\}$, $Y=\{y\,|\,1\leq y\leq 10,\ y\text{는 정수}\}$에 대하여 함수 $f:X\to Y$가 $f(x)=2x-1$일 때, 함수 $f(x)$의 그래프 G를 구하시오.

집합 $X=\{x\,|\,-2\leq x\leq 2,\ x\text{는 정수}\}$에 대하여 함수 $f:X\to X$가 $f(x)=x^2-2$일 때, 함수 $f(x)$의 그래프 G를 좌표평면 위에 나타내시오.

강의 **함수의 그래프는 y축 평행선을 그으면 한 점에서 만난다!**

→ 함수 $f:X\to Y$일 때

→ y축 평행선 $\begin{cases} 1\text{점 교차} \to \text{함수 } (\bigcirc) \\ \text{多점 교차} \to \text{함수 } (\times) \end{cases}$

多(많을 다)

기 | 본 | 예 | 제 05

다음 중 함수의 그래프가 아닌 것을 고르시오.

① 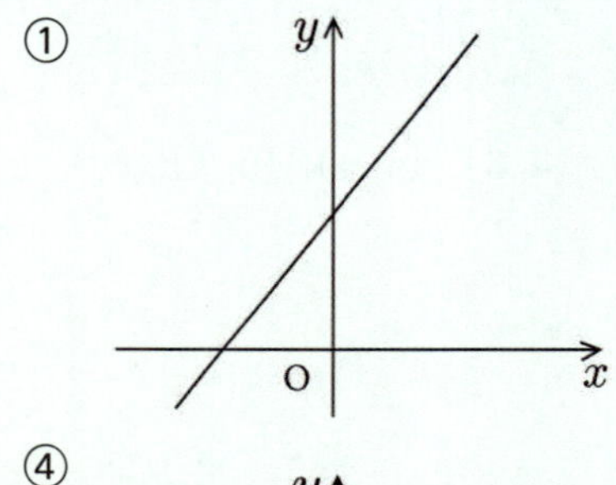 ② 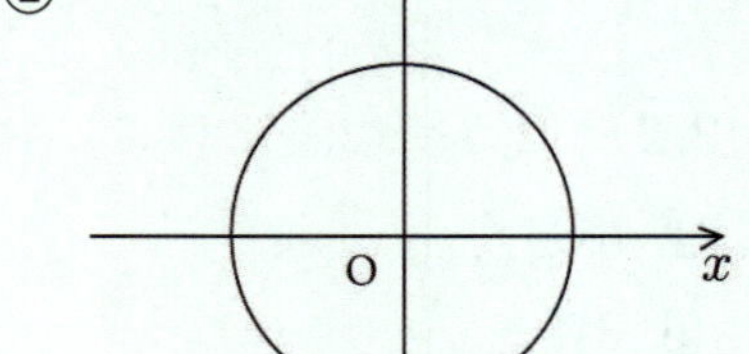 ③ 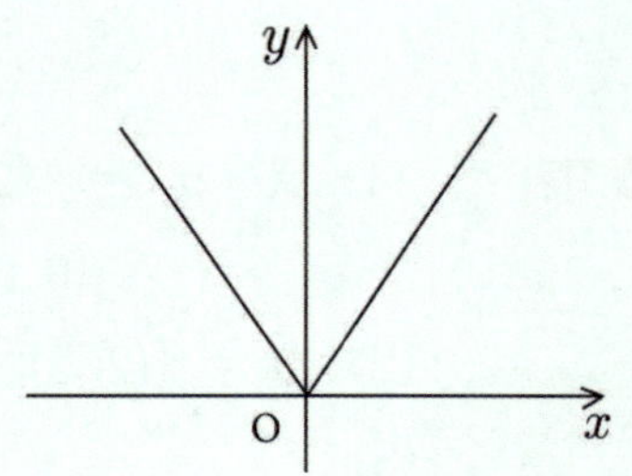

④ 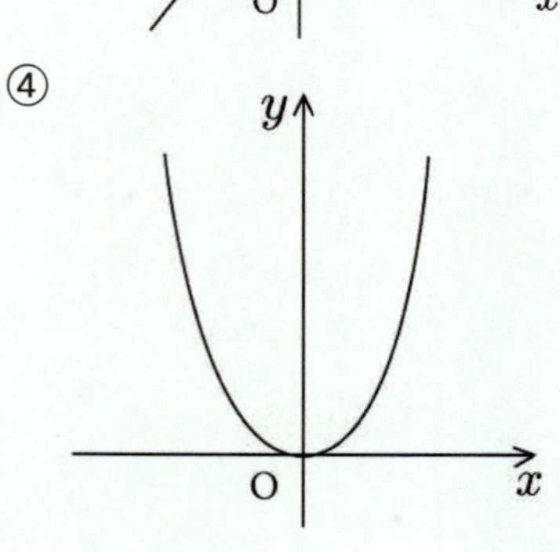 ⑤ 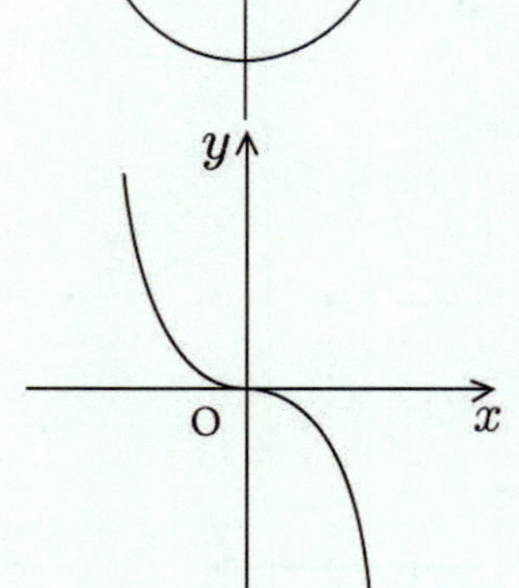

탐구 함수 $y=f(x)$의 그래프 → y축 평행선과의 교점이 한 개인 것을 찾는다.

풀이 ② y축에 평행한 직선과 두 점에서 만나므로 함수가 아니다.

정답 ②

  다음 중 함수의 그래프인 것을 모두 고르시오.

① 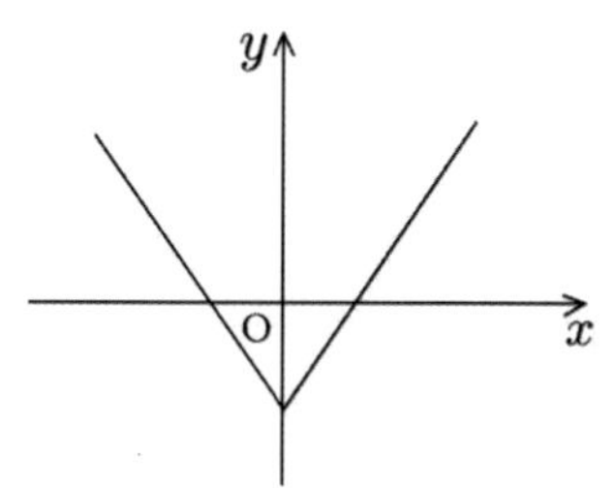 ② 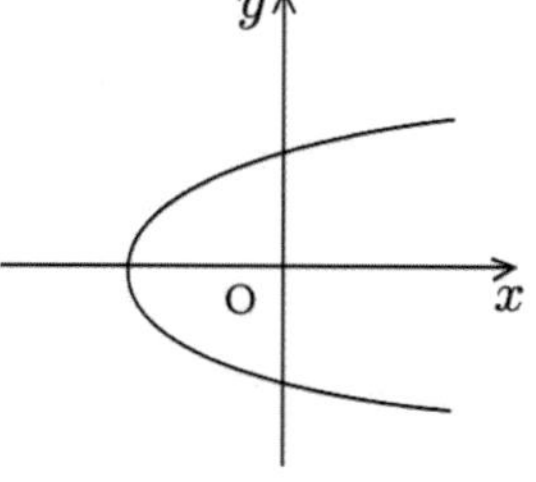 ③ 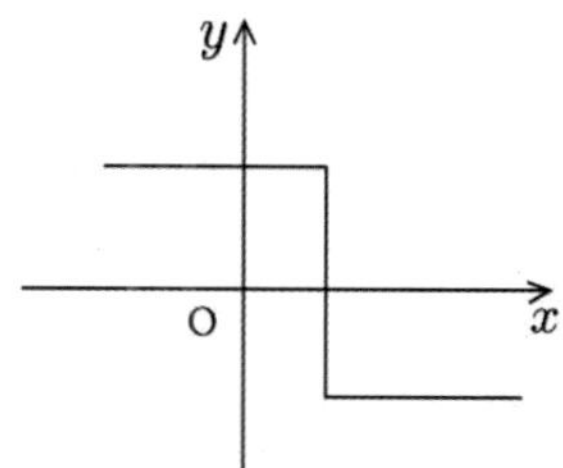

④ 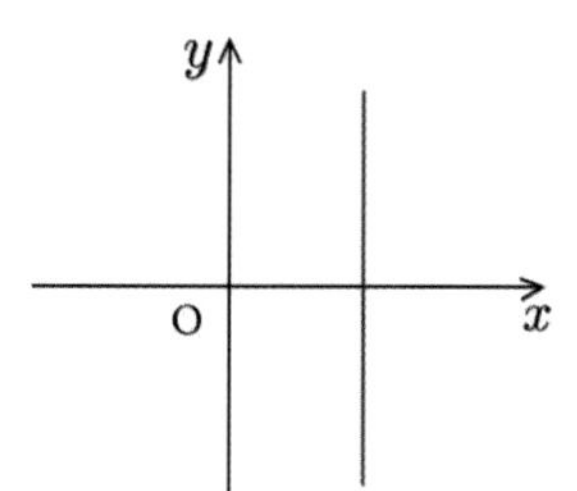 ⑤ 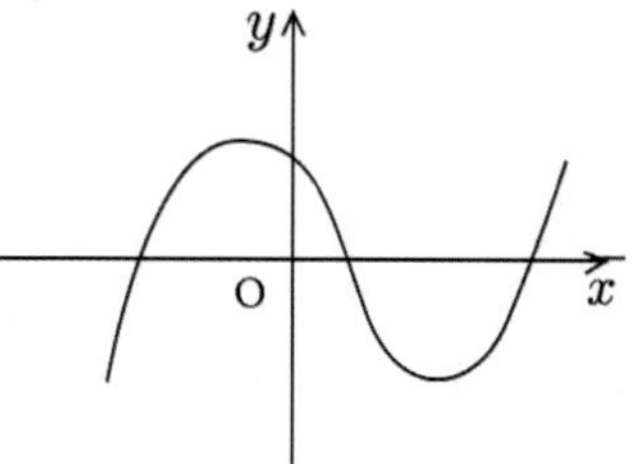

  다음 중 함수의 그래프인 것을 모두 고르시오.

① 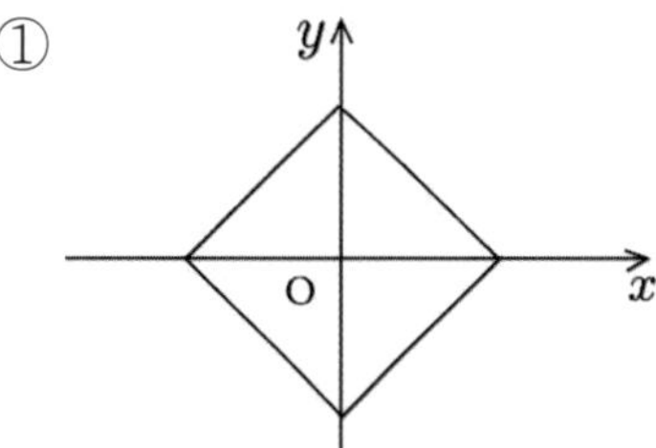 ② 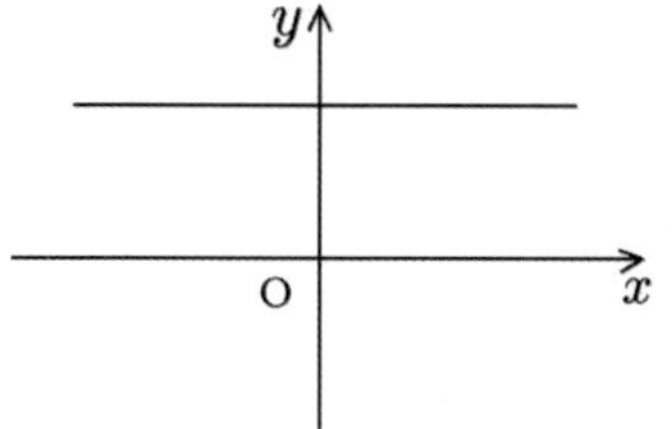 ③ 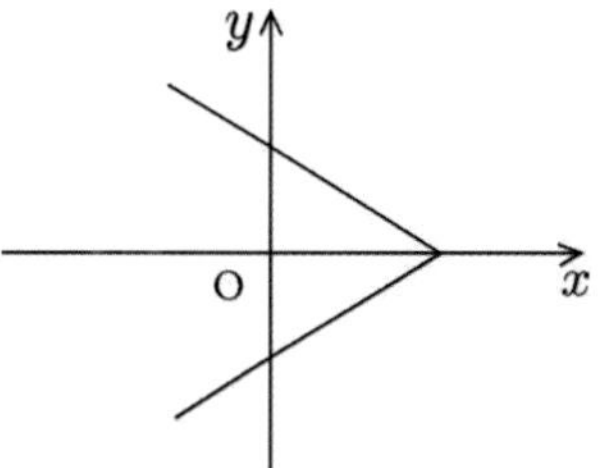

④ 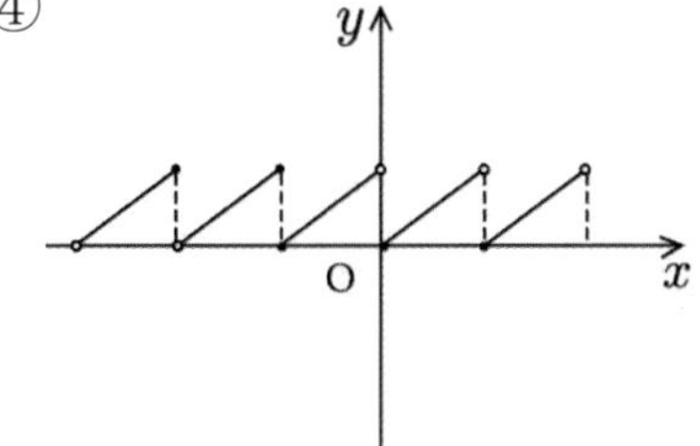 ⑤ 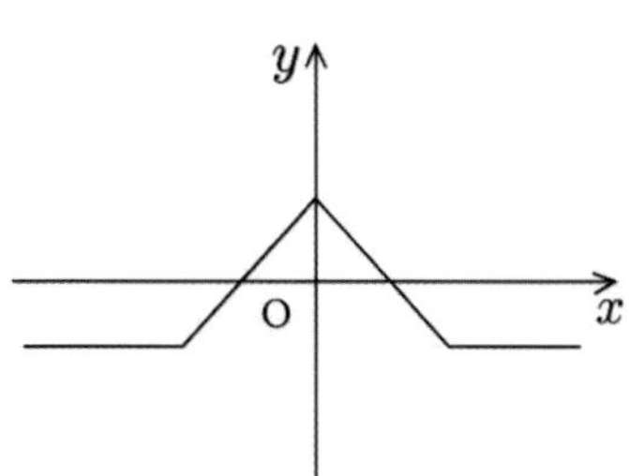

→ 두 함수 $f:X{\to}Y$, $g:U{\to}V$가 서로 같은 함수일 조건

(1) $X=U$ (정의역이 서로 같다.)

(2) $x{\in}X$이면 $f(x)=g(x)$ (함숫값이 서로 같다.)

강의   서로 같은 함수는 정의역도 같고 함숫값도 같아야 한다.

$$\left.\begin{array}{l} f:X{\to}Y \\ g:U{\to}V \end{array}\right] \to \text{상등}\ f=g$$

조건 ① 정의역 同 $(X=U)$

조건 ② 함숫값 同 $(f(x)=g(x))$ ⇄ 치역 同

同(같을 동)

기|본|예|제 06

집합 X를 정의역으로 하는 두 함수를 $f(x)=x^3-2x^2-1$, $g(x)=x^2-2x-1$이라 할 때, $f(x)$와 $g(x)$가 서로 같은 함수가 되도록 하는 집합 X를 모두 구하시오.

탐구   ① 함숫값 同 $f(x)=g(x)$ ② 정의역 同 X

풀이 $f(x)$와 $g(x)$가 서로 같은 함수가 되려면 함숫값이 같아야 하므로

$$x^3-2x^2-1=x^2-2x-1 \quad\quad x^3-3x^2+2x=0$$

$$x(x-1)(x-2)=0 \quad\quad\quad\quad \therefore x=0,\ 1,\ 2$$

따라서 집합 X는 $\{0, 1, 2\}$의 공집합이 아닌 부분집합이므로

$$\{0\},\ \{1\},\ \{2\},\ \{0, 1\},\ \{0, 2\},\ \{1, 2\},\ \{0, 1, 2\}$$

정답 $\{0\},\ \{1\},\ \{2\},\ \{0, 1\},\ \{0, 2\},\ \{1, 2\},\ \{0, 1, 2\}$

유제 06-1   집합 X를 정의역으로 하는 두 함수 f, g가

$$f:x{\to}x^3-3x^2+3x-4,\ g:x{\to}-x^2+4x-6$$

이라 할 때, $f=g$를 만족하는 집합 X의 개수를 구하시오.

유제 06-2   집합 $X=\{-1, 0, 1\}$을 정의역으로 하는 두 함수 $f(x)=ax+1$, $g(x)=x^3+b$에 대하여 $f(x)$와 $g(x)$가 서로 같은 함수일 때, 상수 a, b의 값을 구하시오.

02

여러 가지 함수

1 일대일함수와 일대일대응인 함수

[1] 일대일함수

→ 함수 $f : X \to Y$에서 정의역 X의 임의의 원소 x_1, x_2에 대하여 $x_1 \neq x_2$이면 $f(x_1) \neq f(x_2)$가 성립할 때, 이 함수 f를 **일대일함수**라 한다.

[2] 일대일대응인 함수

→ 함수 $f : X \to Y$가 일대일함수이고, 치역과 공역이 같을 때, 이 함수 f를 **일대일대응**이라 한다.

> **체크** 공역을 밝히지 않은 함수가 일대일함수일 때, 치역을 공역으로 보면 정의역과 치역 사이의 일대일대응이 된다.

강의 **일대일함수는 1:1 만으로 구성된 함수이다!**

① 일대일함수의 정의

→ 1:1 구성인 함수 → 단사함수

② 일대일함수일 조건

→ $x_1 \neq x_2$이면 $f(x_1) \neq f(x_2)$인 함수

→ 대우 $f(x_1) = f(x_2)$이면 $x_1 = x_2$인 함수

기|본|예|제 07

다음 중 일대일함수를 고르시오.

① 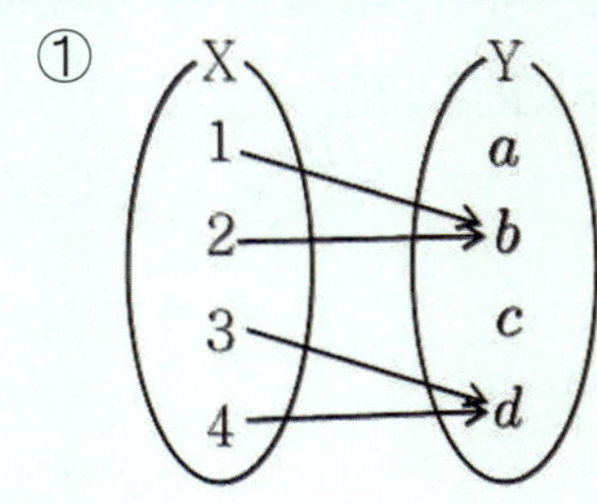 ② 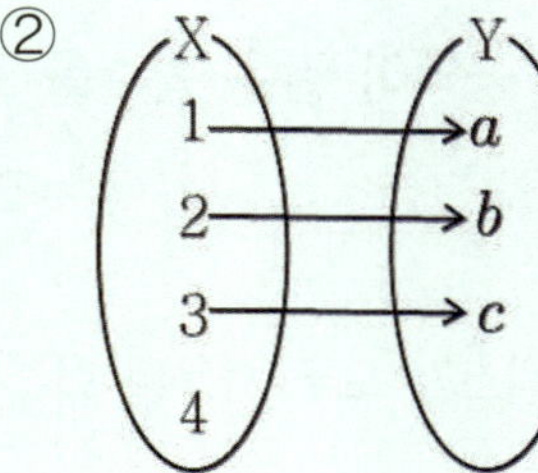 ③ 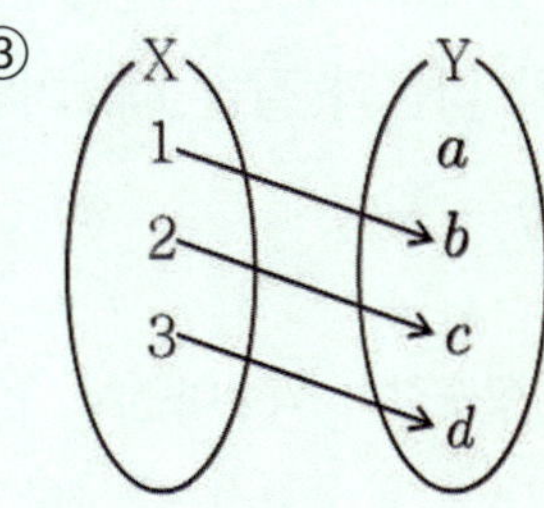 ④ 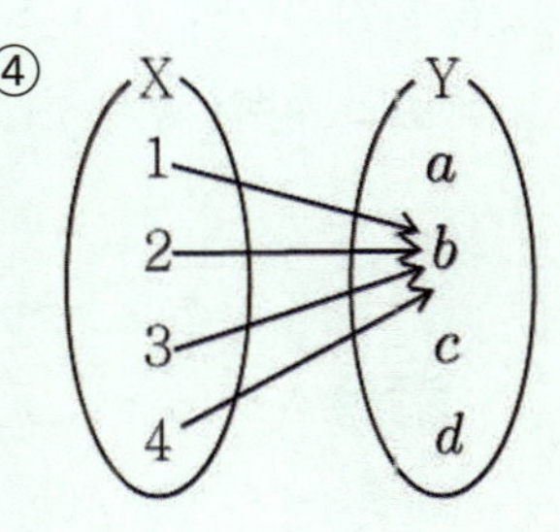

탐구 일대일함수일 조건 (1) 함수 → 1:1, 多:1   (2) 일대일함수 $x_1 \neq x_2$이면 $f(x_1) \neq (x_2)$ → 1:1

풀이 함수는 X에 빠진 것이 없어야 하므로

ⅰ) 함수인 것 : ①, ③, ④

ⅱ) 일대일함수 $x_1 \neq x_2$이면 $f(x_1) \neq (x_2)$: ③

따라서 일대일함수인 것은 ③이다.

정답 ③

 다음 함수가 일대일함수인지 조사하시오.

(1) $y = 2x + 5$ (2) $y = x^2 - 1$

유제 07-2 집합 $X = \{1, 2, 3, 4\}$에 대하여 함수 $f : X \to Y$가 다음과 같이 정의될 때, 일대일함수인 것을 고르시오.

① $Y = \{1\}$, $f(x) = 1$

② $Y = \{1, 2, 3, 4\}$, $f(x) = (x$의 양의 약수의 개수$)$

③ $Y = \{1, 3, 4, 5\}$, $f(x) = (x$의 약수의 총합$)$

④ $Y = \{y \mid y$는 자연수$\}$, $f(x) = (x$의 배수$)$

⑤ $Y = \{y \mid y$는 실수$\}$, $f(x) = x + 1$

강의 치역과 공역이 같은 함수는 Y가 전부 사용된 함수이다!

→ 공역 Y가 전부 사용된 함수 → 전사함수

→ $f : X \to Y$ → 조건 $f(X) = Y$

기 | 본 | 예 | 제 08

두 집합 $X = \{x \mid 1 \le x \le 100,\ x$는 자연수$\}$, $Y = \{y \mid 1 \le y \le 200,\ y$는 짝수$\}$에 대하여 X에서 Y로의 함수 $y = f(x)$가 다음과 같을 때, 치역과 공역이 같은 함수를 모두 고르시오.

① $y = x$ ② $y = 2x$ ③ $y = 3x$ ④ $y = 2|x|$ ⑤ $y = x^2$

탐구 $y = f(x)$의 함숫값이 짝수이면서 Y의 원소가 모두 사용된 함수를 찾는다.

풀이 ② $f(x) = 2x$의 함숫값을 조사하면

$$f(1) = 2,\ f(2) = 4,\ f(3) = 6,\ \cdots,\ f(100) = 200$$

④ $f(x) = 2|x|$의 함숫값을 조사하면

$$f(1) = 2,\ f(2) = 4,\ f(3) = 6,\ \cdots,\ f(100) = 200$$

그러므로 치역과 공역이 같은 함수는 ②, ④이다.

정답 ②, ④

유제 08-1 두 집합 $X=\{x\,|\,1 \le x \le 10, x$는 자연수$\}$, $Y=\{y\,|\,1 \le y \le 30, y$는 3의 배수$\}$ 에 대하여 X에서 Y로의 함수 $y=f(x)$가 다음과 같을 때, 치역과 공역이 같은 함수를 고르시오.

① $y=3x$ ② $y=6x$ ③ $y=9x$ ④ $y=3|x|$ ⑤ $y=3x^2$

유제 08-2 두 집합 $X=\{1, 2, 3, 4, 5, 6\}$, $Y=\{1, 2, 3\}$에 대하여 X에서 Y로의 함수
$$f : (a, b) \to a \quad (단, \ a+b=7, \ a < b)$$
일 때, 함수 f의 공역 Y가 전부 사용되었음을 그림으로 나타내시오.

강의 **일대일대응인 함수는 일대일함수이면서 치역과 공역이 같은 함수이다!**

(1) 일대일대응인 함수의 정의

→ 일대일함수이면서 치역과 공역이 같은 함수

→ 단사함수이면서 전사함수인 함수 → 전단사함수

(2) 일대일대응일 조건

조건 ① $x_1 \ne x_2$이면 $f(x_1) \ne (x_2)$ → 단사함수

조건 ② $f(X)=Y$ (공역 Y가 전부 사용) → 전사함수 ⎤ → 전단사함수

기 | 본 | 예 | 제 09

두 집합 $X=\{x\,|\,-2 \le x \le 1\}$, $Y=\{y\,|\,1 \le y \le 7\}$에 대하여 X에서 Y로의 함수 $f(x)=ax+b$가 일대일대응일 때, $b-a$의 값을 구하시오. (단, $a > 0$)

탐구 $a > 0$일 때 $f(x)$가 일대일대응 → $f(-2)=1$, $f(1)=7$

풀이 $a > 0$이고 $f(x)$가 일대일대응이므로
$$f(-2)=-2a+b=1 \ \cdots \ ①$$
$$f(1)=a+b=7 \qquad \cdots \ ②$$
①, ②를 연립하여 a, b를 구하면
$$a=2, \ b=5$$
따라서 $b-a$의 값을 구하면
$$b-a=5-2=3$$

정답 $\quad$ 3

 두 집합 $X=\{x|-1 \leq x \leq a\}$, $Y=\{y|-5 \leq y \leq 7\}$에 대하여 X에서 Y로의
함수 $f(x)=2x+b$가 일대일대응일 때, 상수 a, b의 값을 구하시오. (단, $a>-1$)

 함수 $f:R \rightarrow R$가 $f(x)=\begin{cases}\dfrac{1}{2}x+2\,(x \geq 2)\\ x+a\,(x<2)\end{cases}$로 정의될 때, 함수 $f(x)$가

일대일대응이 되게 하는 상수 a의 값을 구하시오.

강의 **일대일함수의 그래프 판정은 함수의 조건과 일대일함수의 조건을 조사해야 한다!**

조건 ① y축 평행선 ┌ 1점교차 → 함수 (○)
                    └ 多점교차 → 함수 (×)

조건 ② x축 평행선 ┌ 1점교차 → 일대일함수 (○)
                    └ 多점교차 → 일대일함수 (×)

多(많을 다)

기 | 본 | 예 | 제 10

다음 함수의 그래프 중에서 일대일대응인 것을 고르시오.

① 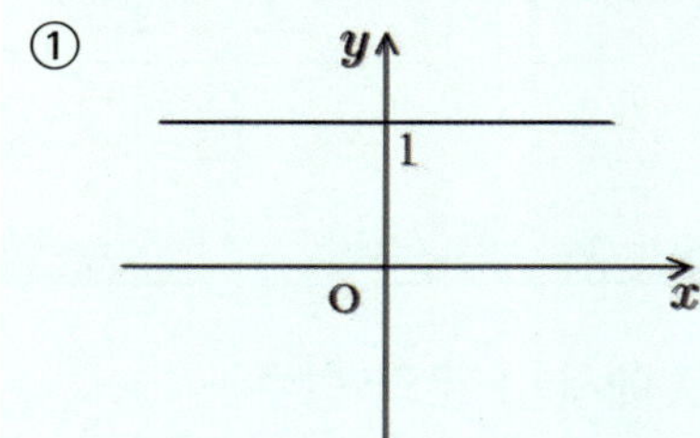

② 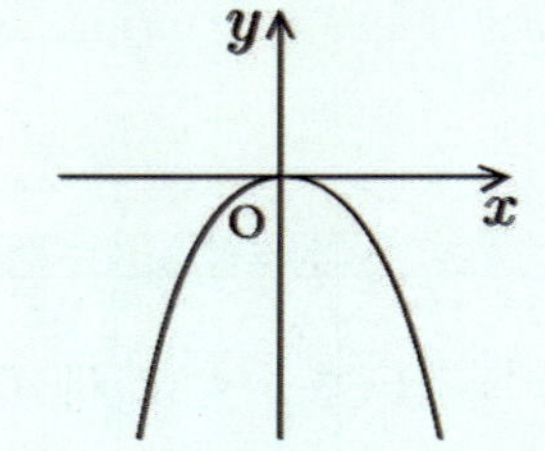

③ 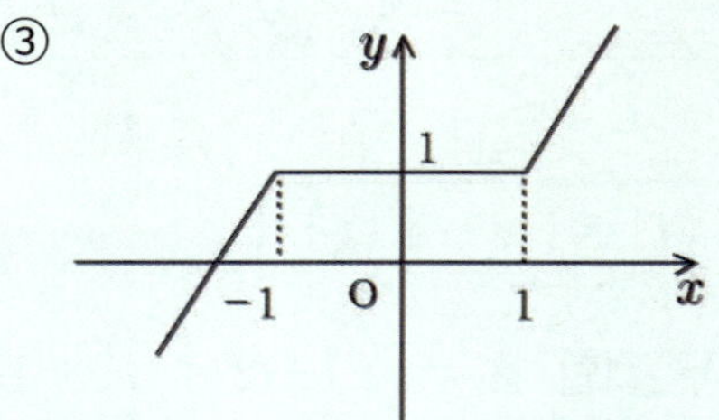

④ 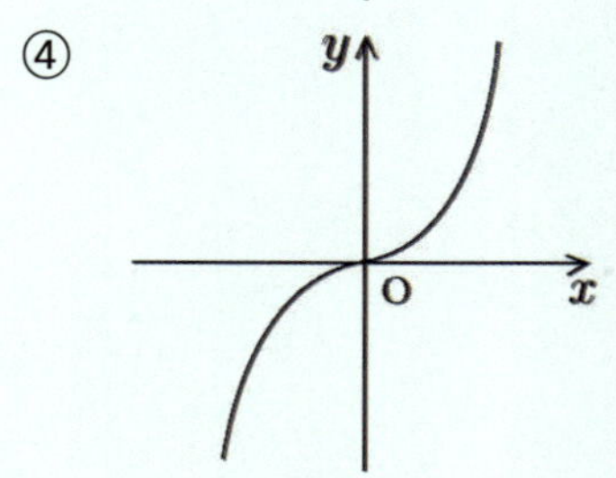

⑤ 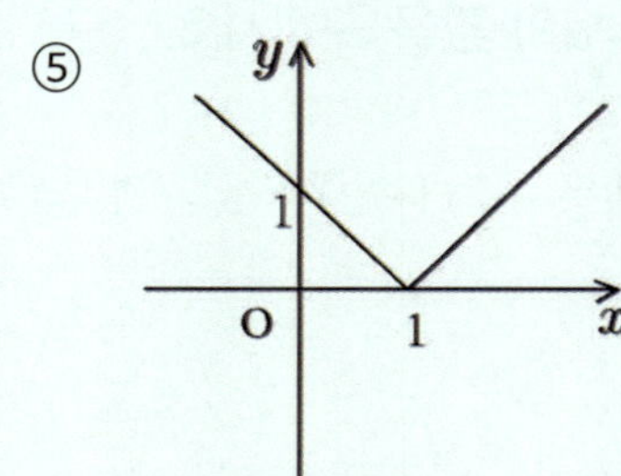

탐구 일대일대응의 그래프 → x축 평행선과 1점 교차, 치역 = 공역

풀이 주어진 그래프는 y축에 평행한 직선과의 교점의 개수가 항상 1개이므로 모두 함수이고 그
중 ④는 x축에 평행한 직선과의 교점의 개수가 항상 1개이므로 일대일대응이다.

정답 ④

 다음 그림으로 나타낸 대응 중에서 일대일대응인 것을 고르시오.

① 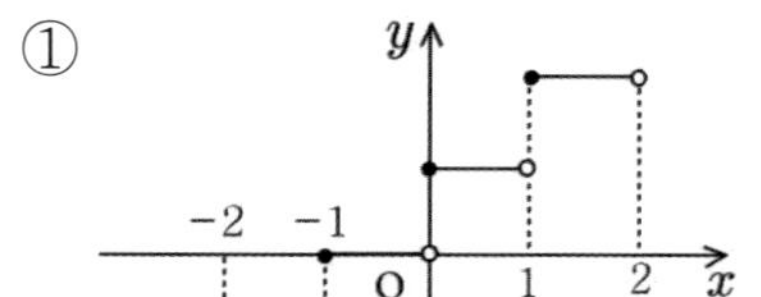 ② 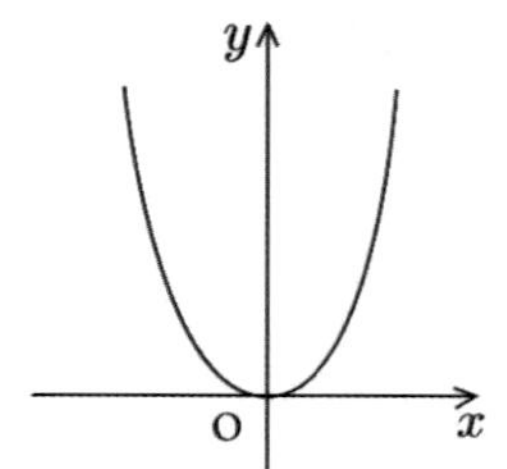 ③ 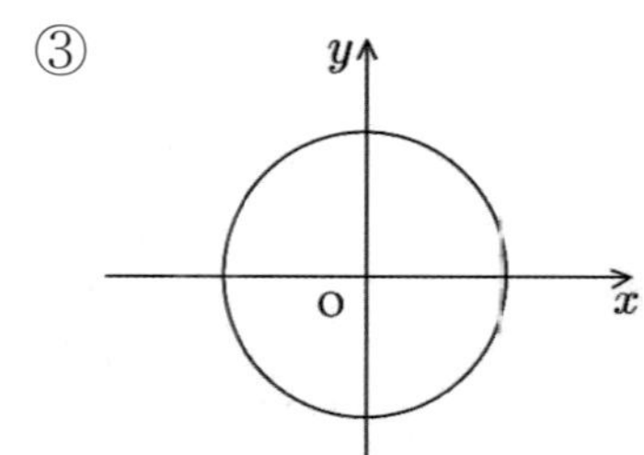

④ 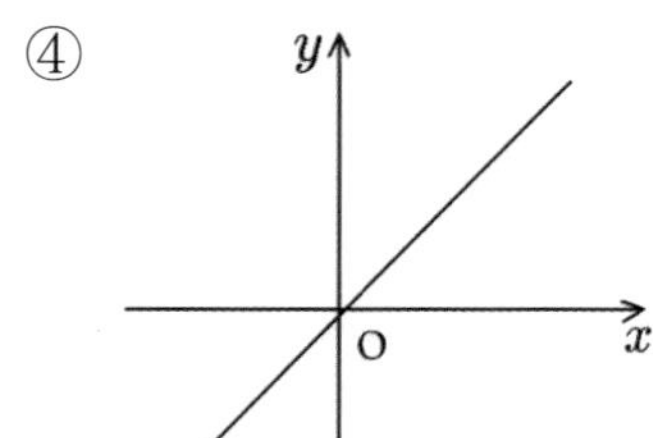 ⑤ 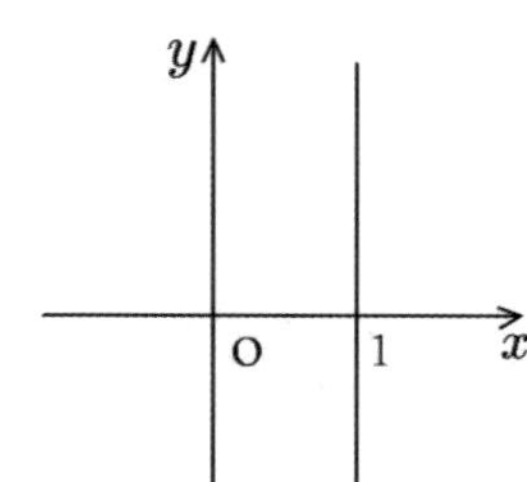

 다음 그래프 중 일대일함수이지만 일대일대응은 아닌 것을 고르시오.

① 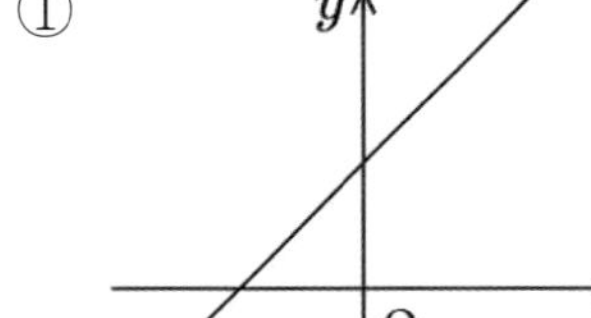 ② 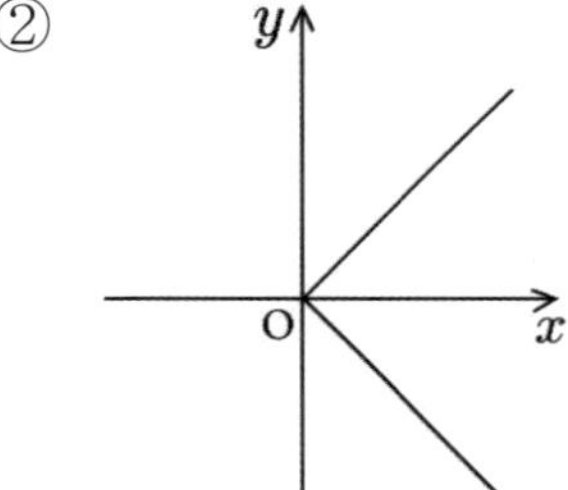 ③ 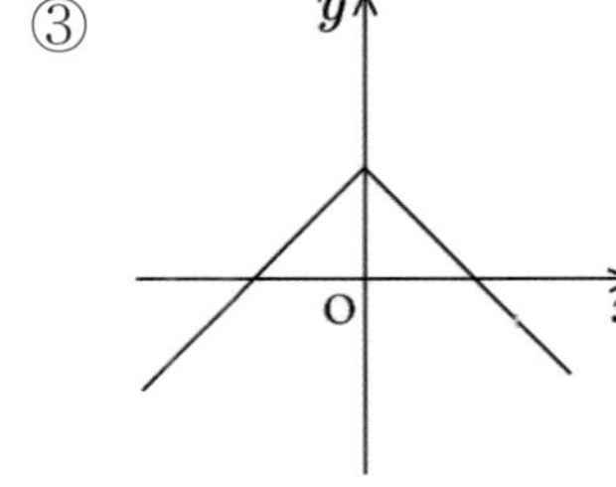

④ 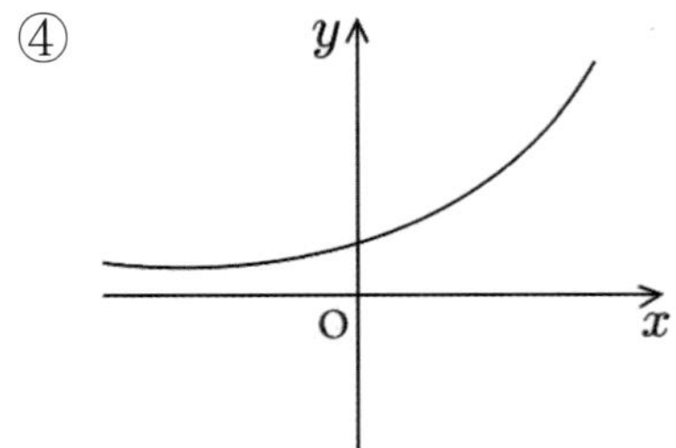 ⑤ 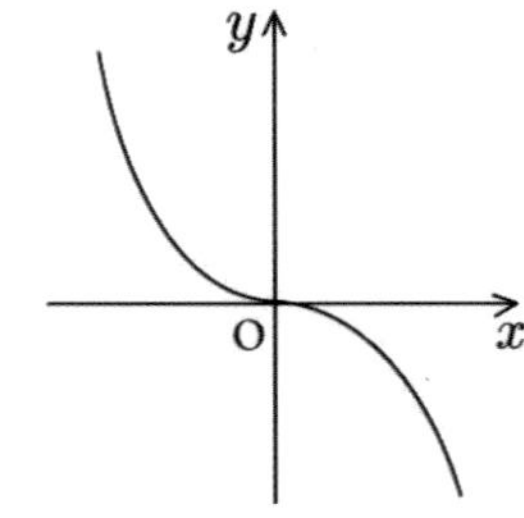

→ 함수 $f : X \to X$에서 정의역 X의 모든 원소 x에 대하여 $f(x) = x$일 때, 이 함수 f를 **항등함수**라 한다.

→ $f : X \to X,\ f(x) = x$

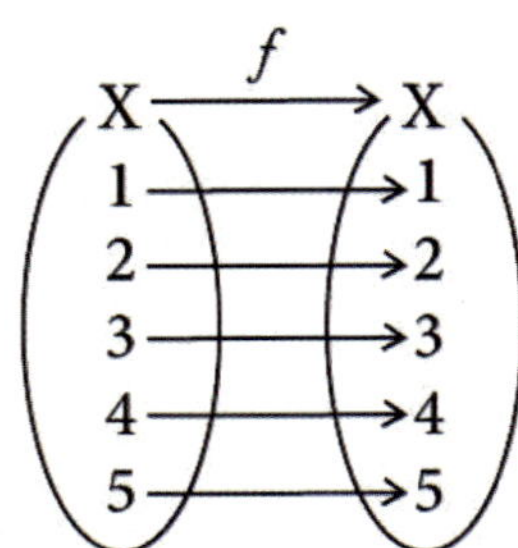

체크 집합 X위의 항등함수는 X와 X 사이의 일대일대응이다.

강의 항등함수가 되려면 정의역과 공역이 같아야 하고, $f(x) = x$인 기능을 가져야 한다!

→ $f : X \to Y$

조건 ① 정의역 = 공역 $\to X = Y$

조건 ② 기능 $f(x) = x$

$$
\begin{array}{cc}
\uparrow & \downarrow \\
\star & \star \\
\infty & \infty \\
2 & 2 \\
a & a \\
\vdots & \vdots
\end{array}
$$

→ 항등함수 $I : X \to X,\ I(x) = x$

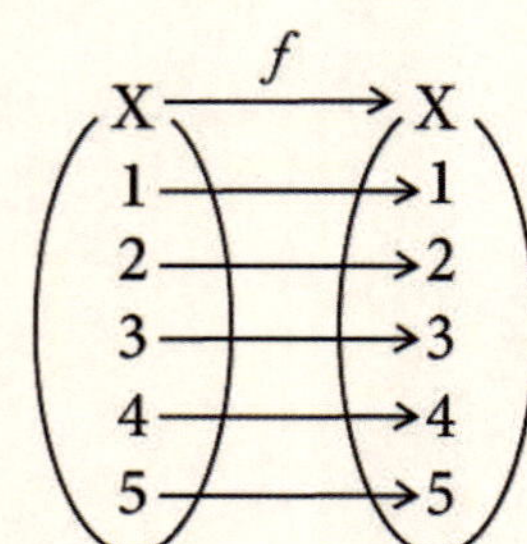

실수 전체의 집합에서 정의된 다음 함수 중 항등함수를 고르시오.

① $y = 2x - 1$ ② $y = x$ ③ $y = 1 - x$ ④ $y = 2$

탐구 항등함수의 기능 → $f(x) = x$

풀이 ② 실수 전체의 집합을 정의역으로 하는 다항함수 중 항등함수는 $y = x$이다.

정답 ②

유제 11-1 다음에서 항등함수인 것을 고르시오.

(1) 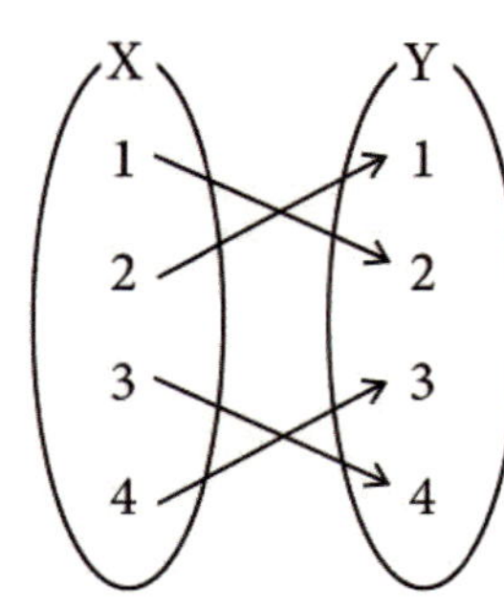 (2) 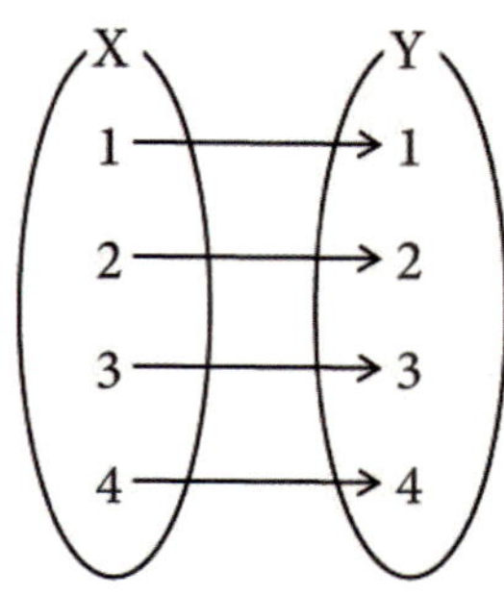

유제 11-2 집합 $X = \{x \mid 1 \le x \le 10,\ x$는 자연수$\}$에 대하여 함수 $f : X \to X$가 항등함수일 때, 이 함수의 치역의 모든 원소의 합을 구하시오.

유제 11-3 함수 $f : X \to X$가 항등함수일 때, 다음의 값을 구하시오.

(1) $f(-2) + f(10)$

(2) $f(5) - f(-5)$

(3) $f(2025) \times f(0)$

→ 함수 $f : X \to Y$에 대하여 정의역 X의 모든 원소가 공역 Y의 한 원소에 대응할 때, 즉 f의 치역이 한 원소만으로 이루어진 집합일 때, 이 함수 f를 **상수함수**라 한다.

→ $f : X \to Y,\ f(x) = c$ (단, c는 상수)

강의 상수함수의 기능은 $f(x) = c$ 이다!

→ 기능 $f(x) = c \to$ 치역의 원소 1개

$$
\begin{array}{cc}
\uparrow & \downarrow \\
\star & c \\
\infty & c \\
2 & c \\
a & c \\
\vdots & \vdots
\end{array}
$$

기 | 본 | 예 | 제 12

집합 $X = \{0,\ 1\}$이라 할 때, $f : X \to Y$에 대하여 $f(x) = x^2 - ax - 3$이 상수함수가 되게 하는 a의 값을 구하시오.

탐구 상수함수의 기능 $\to f(x) = c$

풀이 $f(0) = -3$이므로 $f(x)$가 상수함수가 되려면 $f(1)$도 -3이어야 한다.
따라서 $1 - a - 3 = -3$에서 $a = 1$이다.

정답 1

유제 12-1 다음에서 상수함수인 것을 고르시오.

(1)

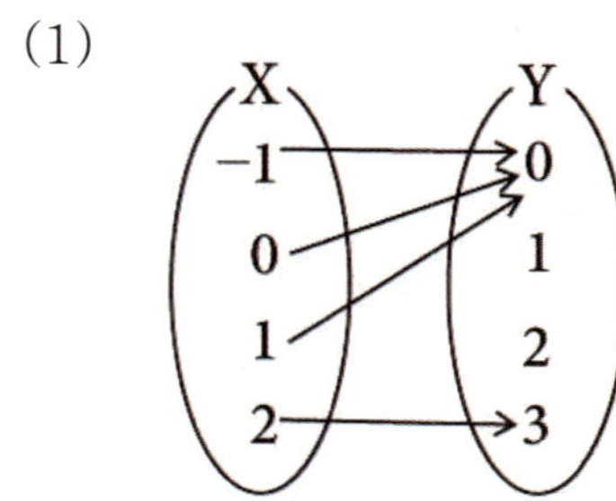

(2)

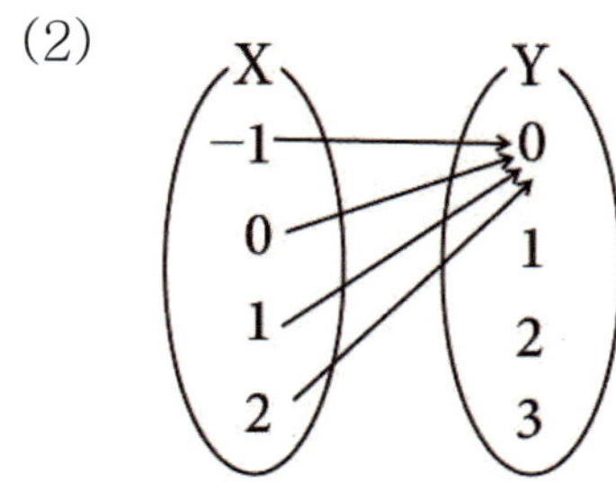

유제 12-2 두 집합 $X = \{-1,\ 0,\ 1\}$, $Y = \{-2,\ -1,\ 0,\ 1,\ 2\}$라 할 때, X의 모든 원소 x에 대하여 $xf(x)$가 상수가 될 함수 $f : X \to Y$의 개수를 구하시오.

4 여러 가지 함수의 개수

➜ 함수 $f:X \to Y$에서 $n(X)=x$, $n(Y)=y$일 때,

[1] 함수의 개수

➜ $yyy \cdots y \ (x개) = y^x$

[2] 일대일함수의 개수

➜ $y(y-1)(y-2) \cdots (y-x+1)(x개) = {}_y\mathrm{P}_x$ (단, $x \leq y$)

[3] 일대일대응의 개수

➜ $y(y-1)(y-2) \cdots 2 \times 1 = y!$ (단, $x=y$)

[4] 상수함수의 개수

➜ $n(Y)=y$

[5] 함숫값의 대소가 정해진 함수의 개수 → ${}_y\mathrm{C}_x$

➜ $f(x_1) < f(x_2),\ f(x_1) > f(x_2) : {}_y\mathrm{C}_x$

강의 **함수의 개수(I)은 중복 가능 여부에 주목하여 구한다!**

➜ 함수 $f:X \to Y$, $n(X)=x$, $n(Y)=y$

(1) 함수의 개수

➜ 다 : 일 (○) → 중복허락 → ${}_{뒤}\Pi_{앞}$ = (뒤)^{앞}

➜ ${}_y\Pi_x = yyy \cdots y \ (x개) = y^x$

(2) 일대일함수의 개수

➜ 다 : 일 (×) → 중복불허 → ${}_{뒤}\mathrm{P}_{앞}$

➜ ${}_y\mathrm{P}_x = y(y-1)(y-2) \cdots (y-x+1) \ (x개)$

(3) 일대일대응인 함수의 개수

➜ 다 : 일 (×) and $y=x$ → 뒤!

➜ $y! = y(y-1)(y-2) \cdots \times 2 \times 1$

주의 항등함수와 상수함수의 개수

① 항등함수의 개수

➜ 기능 $f(x)=x$ → 한 개

② 상수함수의 개수

➜ 기능 $f(x)=c$ → y개

두 집합 $A = \{a, b, c\}$, $B = \{1, 2, 3, 4\}$에 대하여 다음을 구하시오.

(1) A에서 B로의 함수의 개수

(2) A에서 B로의 일대일함수의 개수

탐구

$n(A) = x$, $n(B) = y$일 때

① 함수의 개수 → 중복허락

$$yyy \cdots y \ (x개) = y^x$$

② 일대일함수의 개수 → 중복불허

$$y(y-1)(y-2) \cdots (y-x+1) \ (x개) = {}_y\mathrm{P}_x$$

③ 일대일대응인 함수의 개수 → 중복불허, $x = y$

$$y(y-1)(y-2) \cdots 3 \times 2 \times 1 \ (y개) \ = \ y!$$

풀이

$n(A) = 3$, $n(B) = 4$일 때

(1) B의 원소 4개 중에서 중복을 허락하여 A의 원소 3개를 배열하는 방법이므로

$$4 \times 4 \times 4 = 4^3 = 64$$

(2) B의 원소 4개 중에서 중복을 불허하여 A의 원소 3개를 배열하는 방법이므로

$${}_4\mathrm{P}_3 = 4 \times 3 \times 2 = 24$$

정답 (1) 64   (2) 24

유제 13-1 두 집합 $X = \{a, b, c\}$, $Y = \{1, 2, 3\}$에 대하여 X에서 Y로의 일대일대응인 함수의 개수를 구하시오.

유제 13-2 두 집합 $A = \{a, b, c, d\}$, $B = \{1, 2, 3, 4\}$에 대하여 다음을 구하시오.

(1) A에서 B로의 함수의 개수

(2) A에서 B로의 일대일대응의 개수

(3) A에서 B로의 상수함수의 개수

기|본|예|제 14

두 집합 $X = \{1, 3, 5\}$, $Y = \{1, 2, 3, 4, 5\}$일 때, $f : X \to Y$에 대하여

$$x_1 < x_2 \text{이면 } f(x_1) < f(x_2)$$

를 만족하는 함수 f의 개수를 구하시오.

탐구 함숫값의 대소가 정해진 함수의 개수 → $_y\mathrm{C}_x$ (단, $n(X) = x$, $n(Y) = y$)

풀이 함숫값의 대소가 정해져 있으므로 Y의 원소 5개 중 3개의 원소를 선택하면 크기 순으로 X의 원소와 대응하게 된다.

$n(X) = 3$, $n(Y) = 5$이므로 구하는 함수의 개수는

$$_5\mathrm{C}_3 = {}_5\mathrm{C}_2 = \frac{5 \times 4}{2 \times 1} = 10$$

정답 10

유제 14-1 두 집합 $X = \{1, 2, 3\}$, $Y = \{3, 4, 5, 6\}$에 대하여 X에서 Y로의 함수 f가 $x_1 < x_2$이면 $f(x_1) > f(x_2)$를 만족할 때, 함수 f의 개수를 구하시오.

유제 14-2 두 집합 $X = \{1, 2, 3, 4, 5\}$, $Y = \{2, 4, 6\}$에 대하여 X에서 Y로의 함수 f가 $x_1 < x_2$이면 $f(x_1) \leq f(x_2)$를 만족할 때, 함수 f의 개수를 구하시오.

1 합성함수의 정의

→ 두 함수 $f: X \to Y$, $g: Y \to Z$가 주어졌을 때, X의 임의의 원소 x에 대하여 f에 의해 Y의 원소 y가 대응하고, 이 y에 대하여 g에 의해 Z의 원소 z가 대응하면 X의 임의의 원소 x에 대하여 $g \circ f$에 의해 Z의 원소 z가 대응하는 함수 $g \circ f: X \to Z$를 얻을 수 있다. 이때 $g \circ f$를 f와 g의 **합성함수**라 한다.

[1] 합성함수의 도식

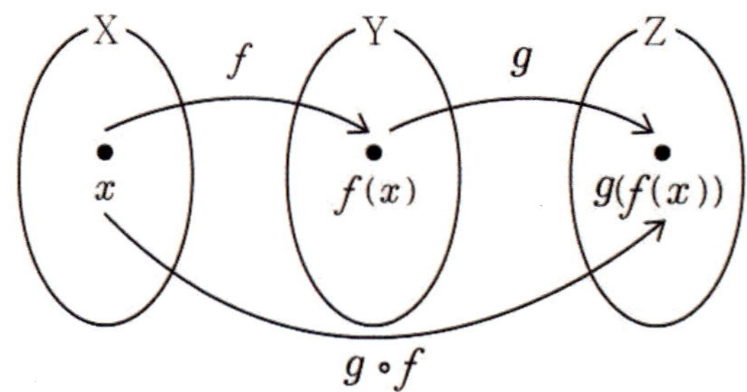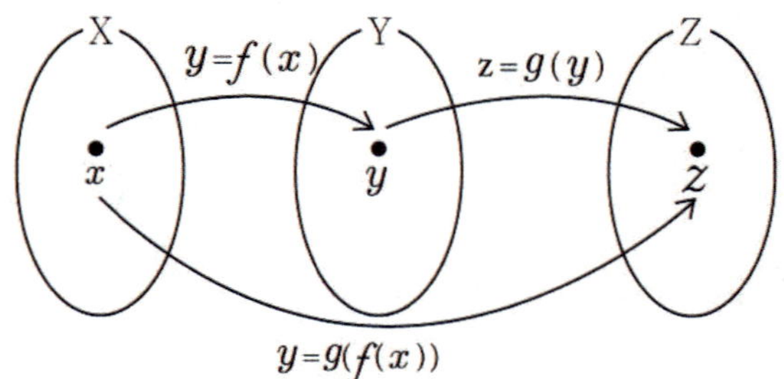

[2] 합성함수의 표시

   (1) $f: X \to Y$, $g: Y \to Z$

     → $g \circ f: X \to Z$

   (2) $f: x \to f(x)$, $g: f(x) \to g(f(x))$

     → $g \circ f: x \to g(f(x))$

   (3) $y = f(x)$, $z = g(y)$

     → $z = g(f(x))$

강의 합성함수에서 $g \circ f$는 f가 먼저임을 명심해야 한다!

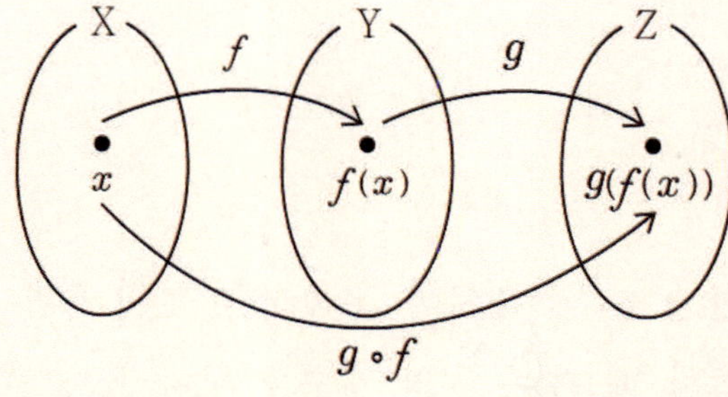

→ $g \circ f: X \to Z$

주의 합성함수 문제는 대입 또는 치환하여 푼다.

두 함수 $f: X \to Y$, $g: Y \to X$가 오른쪽 그림과
같을 때, 다음을 구하시오.

(1) $(g \circ f)(2)$ (2) $(g \circ f)(4)$

(3) $(f \circ g)(a)$ (4) $(f \circ g)(c)$

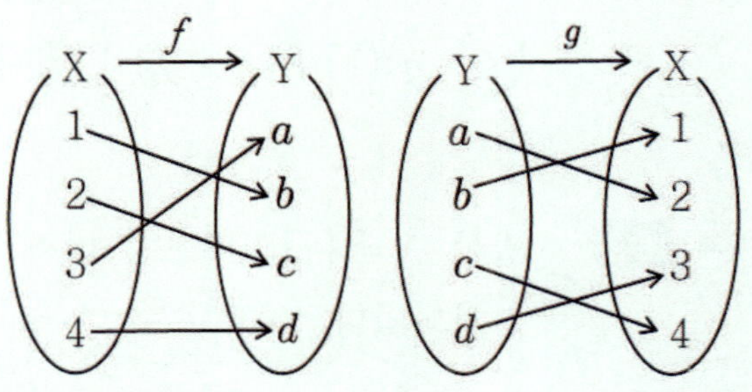

탐구 $(g \circ f)(a) = g(f(a))$, $(f \circ g)(a) = f(g(a))$로 계산한다.

풀이   (1) $(g \circ f)(2) = g(f(2)) = g(c) = 4$

(2) $(g \circ f)(4) = g(f(4)) = g(d) = 3$

(3) $(f \circ g)(a) = f(g(a)) = f(2) = c$

(4) $(f \circ g)(c) = f(g(c)) = f(4) = d$

정답   (1) 4   (2) 3   (3) c (4) d

유제 15-1   두 함수 $f(x) = x+2$, $g(x) = x^2-3$에 대하여 $(f \circ g)(1) + (g \circ f)(0)$의 값을
구하시오.

유제 15-2   세 함수 $f(x) = -2x+1$, $g(x) = 3x+3$, $h(x) = x+5$에 대하여
$(h \circ g \circ f)(0)$의 값을 구하시오.

두 함수 $f(x) = \begin{cases} 3 & (x \geq 1) \\ 2x+1 & (x < 1) \end{cases}$, $g(x) = x^2-2$ 에 대하여 $(f \circ g)(2) + (g \circ f)(0)$의 값을 구

하시오.

탐구 $(f \circ g)(a) = f(g(a))$로 계산한다.

풀이 $(f \circ g)(2) = f(g(2)) = f(2) = 3$

$(g \circ f)(0) = g(f(0)) = g(1) = -1$

따라서 구하는 값은 $3 + (-1) = 2$이다.

정답   2

유제 16-1 두 함수 $f(x)=\begin{cases} x+1 & (x \geq 0) \\ -x^2+2x+1 & (x < 0) \end{cases}$, $g(x)=2x-3$에 대하여

$(f \circ g)(1)+(g \circ f)(1)$의 값을 구하시오.

유제 16-2 집합 $X=\{x|0 \leq x \leq 1\}$에 대하여 함수 $f:X\to R$ 이 다음과 같이 정의되었다.

$$f(x)=\begin{cases} x & (x\text{가 유리수일 때}) \\ 1-x & (x\text{가 무리수일 때}) \end{cases}$$

이때 $f(f(x))$를 구하시오.

기｜본｜예｜제 17

함수 $f(x)=x+1$에 대하여 $f^1=f$, $f^{n+1}=f \circ f^n$ (n은 자연수)일 때, $f^{100}(2)$의 값을 구하시오.

탐구 $f^1, f^2, f^3, \cdots$ 을 구하여 규칙을 찾는다.

풀이 $f^1(x), f^2(x), f^3(x), \cdots$ 을 차례로 구하면

$f^1(x)=x+1$

$f^2(x)=(f \circ f)(x)=f(f(x))=(x+1)+1=x+2$

$f^3(x)=(f \circ f^2)(x)=f(f^2(x))=(x+2)+1=x+3$

$\vdots$

$f^n(x)=x+n$

따라서 $f^{100}(x)=x+100$이고 $f^{100}(2)=2+100=102$이다.

정답 102

유제 17-1 함수 $f(x)=3x$에 대하여 $f^1=f$, $f^{n+1}=f \circ f^n$ (n은 자연수)일 때, $f^5\left(\dfrac{1}{3}\right)$의 값을 구하시오.

유제 17-2 함수 $f:X\to X$가 오른쪽 그림과 같고 $f^1=f$, $f^{n+1}=f \circ f^n$ (n은 자연수)이라 할 때, $f^{54}(1)+f^{70}(2)$의 값을 구하시오.

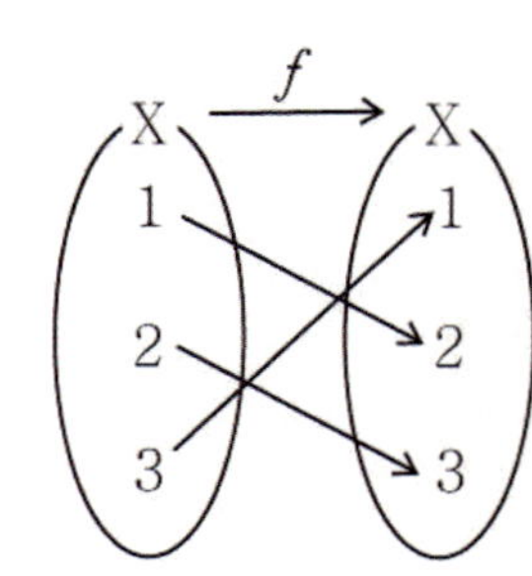

기|본|예|제 **18**

함수 $g(x) = 3x - 1$일 때, $(f \circ g)(x) = 5x + 1$을 만족하는 함수 $f(x)$를 구하시오.

탐구 $f(g(x))$꼴에서 $g(x) = t$로 치환한 후 정리한다.

풀이 $(f \circ g)(x) = f(g(x)) = 5x + 1$에 $g(x) = 3x - 1$을 대입하면

$$f(3x - 1) = 5x + 1$$

$3x - 1 = t$로 치환하면

$$x = \frac{t + 1}{3}$$

$$\therefore f(t) = 5 \times \frac{t + 1}{3} + 1 = \frac{5}{3}t + \frac{8}{3}$$

$$\therefore f(x) = \frac{5}{3}x + \frac{8}{3}$$

정답 $f(x) = \frac{5}{3}x + \frac{8}{3}$

유제 18-1 두 함수 $f : x \to x - 3$, $g : x \to 2x + 1$일 때, $h \circ g = f$를 만족하는 함수 $h(x)$를 구하시오.

유제 18-2 함수 $g(x) = x + 1$에 대하여 $(f \circ g)(x) = 2x + 1$, $(h \circ f)(x) = 6x - 1$을 만족하는 함수 $h(x)$를 구하시오.

유제 18-3 함수 $g(x) = 3x - 5$, $h(x) = x - 1$에 대하여 $(f \circ h)(x) = g(x + 1)$일 때, 함수 $f(x)$를 구하시오.

두 함수 $f(x)=-x+3$, $g(x)=2x+a$에 대하여 $g \circ f=f \circ g$를 만족하는 상수 a의 값을 구하시오.

탐구 대입 이용 $f \circ g=g \circ f \hookrightarrow f(g(x))=g(f(x))$

풀이
$$(g \circ f)(x)=g(f(x))$$
$$=2(-x+3)+a=-2x+6+a$$
$$(f \circ g)(x)=f(g(x))$$
$$=-(2x+a)+3=-2x-a+3$$

$g \circ f=f \circ g$이므로
$$6+a=-a+3$$
$$\therefore a=-\frac{3}{2}$$

정답 $-\dfrac{3}{2}$

유제 19-1 두 함수 $f(x)=2x-3$, $g(x)=ax+1$에 대하여 $g \circ f=f \circ g$를 만족하는 상수 a의 값을 구하시오.

유제 19-2 실수 전체 집합에서 정의된 함수 $f(x)=ax+2b$가 $f \circ f=f$가 되게 하는 상수 a, b의 값을 구하시오. (단, $a \neq 0$)

유제 19-3 실수 전체 집합에서 정의된 함수 $f(x)=\dfrac{1}{3}x-2$가 $(f \circ f \circ f)(a)>0$을 만족하는 정수 a의 최솟값을 구하시오.

→ $f: A \to B$, $g: B \to C$, $h: C \to D$일 때

(1) 교환법칙은 성립하지 않는다.

 → $f \circ g \neq g \circ f$

(2) 결합법칙은 성립한다.

 → $(h \circ g) \circ f = h \circ (g \circ f)$

(3) 어떤 함수와 항등함수의 합성함수는 그 함수 자신이 된다.

 → $g \circ I = I \circ g = g$ (단, I는 항등함수)

강의 합성함수는 교환법칙은 성립하지 않고 결합법칙은 성립한다!

① 교환법칙($\times$) → $f \circ g \neq g \circ f$

② 결합법칙($\bigcirc$) → $(h \circ g) \circ f = h \circ (g \circ f)$

③ 항등함수 합성 → $f \circ I = I \circ f = f$

기 | 본 | 예 | 제 20

두 함수 $f(x) = x^2$, $g(x) = -2x + 1$에 대하여 $(f \circ g)(x)$와 $(g \circ f)(x)$를 구하고 합성함수의 교환법칙이 성립하는지 확인하시오.

탐구 $(f \circ g)(x) = f(g(x)) \to f(x)$의 x 대신 $g(x)$를 대입

            $(g \circ f)(x) = g(f(x)) \to g(x)$의 x 대신 $f(x)$를 대입

풀이 $(f \circ g)(x) = f(g(x)) = (-2x+1)^2 = 4x^2 - 4x + 1$

           $(g \circ f)(x) = g(f(x)) = -2(x^2) + 1 = -2x^2 + 1$

           $(f \circ g)(x) \neq (g \circ f)(x)$이므로 교환법칙이 성립하지 않는다.

정답   합성함수의 교환법칙은 성립하지 않는다.

유제 20-1   함수 $f(x) = 3x + 4$, $(f \circ g)(x) = 3x^2 + 9x + 4$에 대하여

           $(f \circ f \circ g)(x) = -2$가 되는 x의 값을 모두 구하시오.

유제 20-2   세 함수 f, g, h에 대하여 $f(x) = x + 1$, $(g \circ h)(x) = 2x^2$일 때,

           $((f \circ g) \circ h)(3)$의 값을 구하시오.

04 역함수

→ 함수 $f\colon X \to Y$가 일대일대응일 때, Y의 임의의 원소 y가 X의 원소 x에 대응하는 함수 $f^{-1}\colon Y \to X$를 함수 f의 **역함수**라 한다. 이때 f의 정의역은 f^{-1}의 치역이 되고, f의 치역은 f^{-1}의 정의역이 된다.

[1] 역함수의 도식

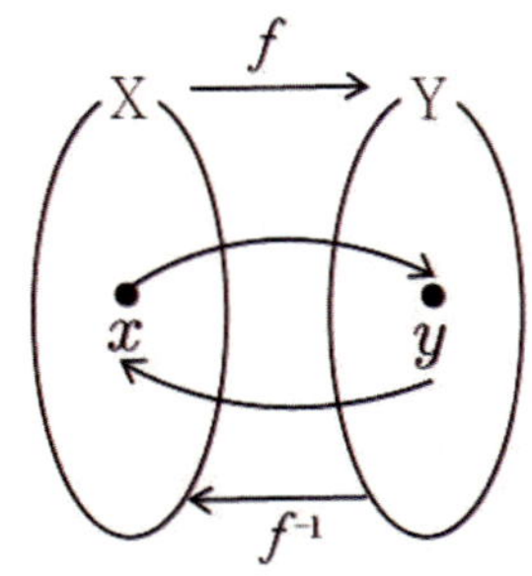

[2] 역함수의 표시

(1) 원함수 $f\colon X \to Y$ ➡ 역함수 $f^{-1}\colon Y \to X$

(2) 원함수 $f\colon x \to y$ ➡ 역함수 $f^{-1}\colon y \to x$

(3) 원함수 $y = f(x)$ ➡ 역함수 $x = f^{-1}(y)$

> **체크** $y = f(x)$의 역함수는 $x = f^{-1}(y)$로 표시하는 것이 원칙이지만 습관에 의하여 보통 $y = f^{-1}(x)$로 표시한다.

강의 역함수에서는 정의역과 치역이 서로 바뀐다!

① 원함수와 역함수

원함수 ➡ $f\colon X \to Y$ ⎤
역함수 ➡ $f^{-1}\colon Y \to X$ ⎦ 일대일대응

② 역함수의 존재 조건

일대일대응 → [1:1]이고 [치역 = 공역]

주의 ① (f의 정의역) = (f^{-1}의 치역)

② (f의 치역) = (f^{-1}의 정의역)

다음 함수 $f : X \to Y$ 중 역함수가 존재하는 것을 고르시오.

① 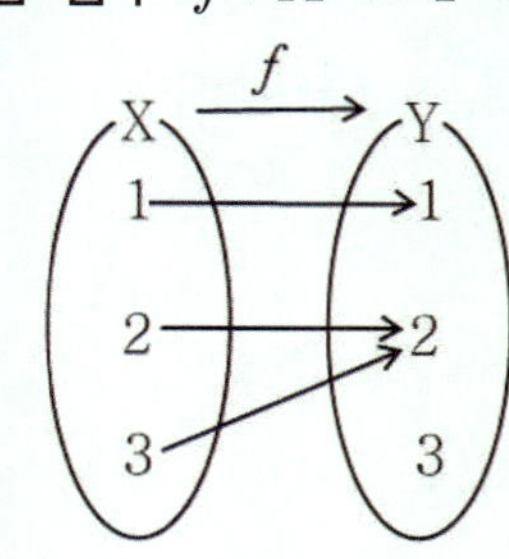 ② 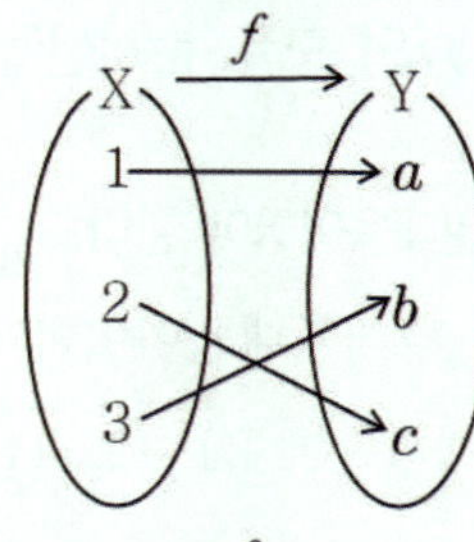 ③ 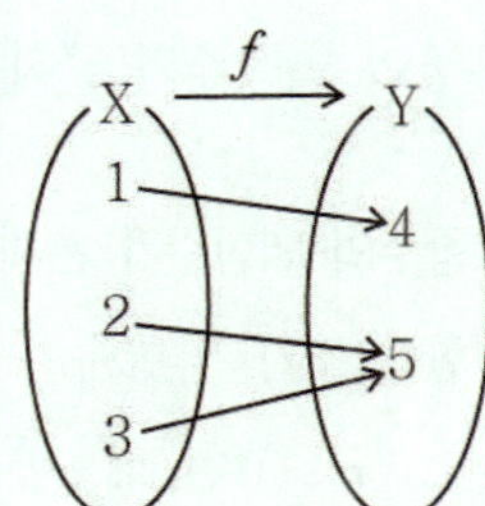

④ 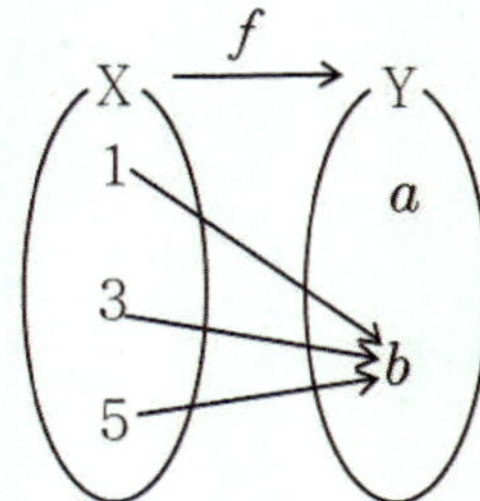 ⑤ 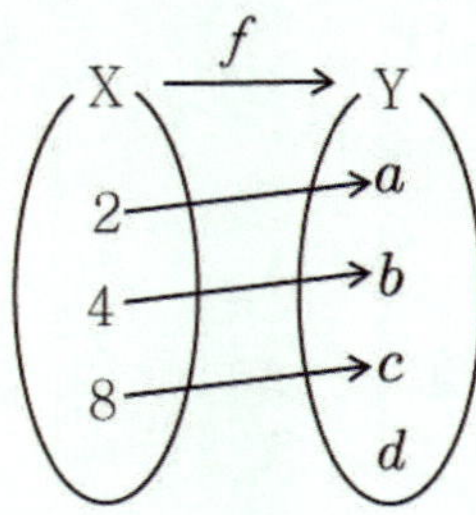

탐구 $f(x)$에 역함수가 존재하려면 $f(x)$는 일대일대응이어야 한다.

풀이 함수 $f(x)$의 역함수가 존재하는 경우는 $f(x)$가 일대일대응이어야 하므로
보기 중 일대일대응을 찾으면 ②이다.

정답 ②

유제 21-1 다음 중 역함수가 존재하는 함수를 모두 고르시오.

① $y = 2x - 3$ ② $y = -x^2 + 2x + 1$ ③ $y = |x|$

④ $y = \dfrac{1}{x}$ (단, $x > 0$)   ⑤ $y = 3x^2 + x$

유제 21-2 함수 $f : X \to Y$의 그래프가 다음과 같을 때, 역함수가 존재하는 것은?

① 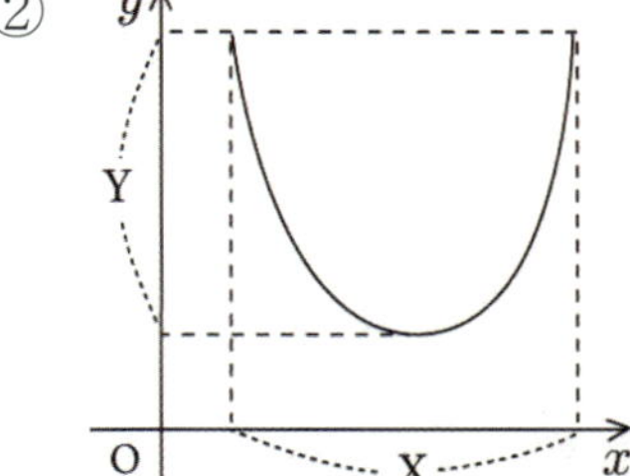 ② 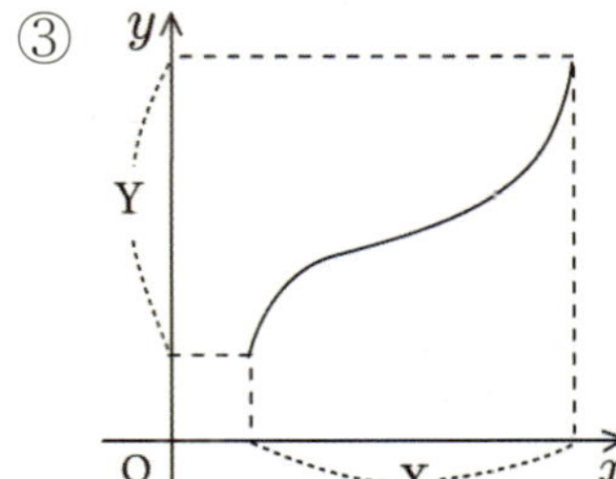 ③

④ 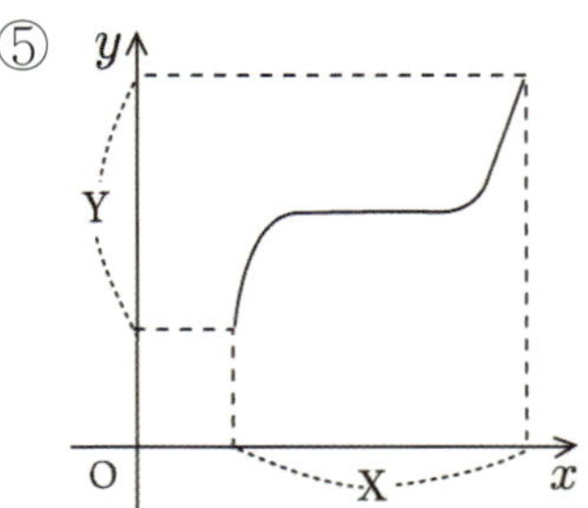 ⑤

두 집합 $X=\{x|-2 \leq x \leq 2\}$, $Y=\{y|3 \leq y \leq 11\}$에 대하여 X에서 Y로의 함수 $f(x)=ax+b$의 역함수가 존재할 때, (a, b)의 모든 순서쌍을 구하시오.(단, a, b는 상수)

탐구 함수의 역함수가 존재하려면 일대일대응이어야 한다.

풀이 함수 f가 역함수가 존재하려면 일대일대응이어야 하므로

i) $a>0$일 때, 함수 f가 두 점 $(-2, 3)$, $(2, 11)$을 지나야 한다.

$$-2a+b=3, \quad 2a+b=11$$

두 식을 연립하여 a, b를 구하면

$$a=2, \ b=7$$

ii) $a<0$일 때, 함수 f가 두 점 $(-2, 11)$, $(2, 3)$을 지나야 한다.

$$-2a+b=11, \quad 2a+b=3$$

두 식을 연립하여 a, b를 구하면

$$a=-2, \ b=7$$

i), ii)에 의해 (a, b)를 구하면

$$(2, 7), \ (-2, 7)$$

정답 $(2, 7)$, $(-2, 7)$

유제 22-1 실수 전체 집합에서 정의된 함수 $f(x)=\begin{cases}3x+1 & (x \geq -1) \\ (1-a)x-a-1 & (x < -1)\end{cases}$ 의 역함수가 존재할 때, 실수 a의 값의 범위를 구하시오.

유제 22-2 실수 전체 집합에서 정의된 함수 $f(x)=|2x-1|-ax$의 역함수가 존재할 때, 양의 정수 a의 최솟값을 구하시오.

2 역함수 구하는 법

첫째, $y=f(x)$의 정의역과 치역을 구한다.

둘째, $y=f(x)$를 x에 관해 풀어서 $x=g(y)$꼴로 바꾼다.

셋째, x와 y를 호환하여 $x=g(y)$를 $y=g(x)$꼴로 바꾼다.

강의 **역함수 구하는 법은 아래 3단계를 꼭 기억해두어라!**

첫째 : 치역을 구하라 → y의 범위

둘째 : x를 구하라 → $x=(y$의 식$)$

셋째 : x와 y를 호환하라 → $y=(x$의 식$)$

주의 $y=x$대칭 → 역함수 관계

기 | 본 | 예 | 제 23

다음 함수의 역함수를 구하시오.

(1) $y=x-2 \ (x \geq 0)$　　　　　(2) $y=-2x+3 \ (x<0)$

탐구　역함수 구하는 법

① 치역　② $x=(y$의 식$)$　③ x와 y를 호환 → $y=(x$의 식$)$

풀이　(1) ① $x \geq 0 \to x-2 \geq -2 \to y \geq -2$

② $y=x-2 \to x=y+2$

③ $y=x+2 \, (x \geq -2)$

(2) ① $x<0 \to -2x+3>3 \to y>3$

② $y=-2x+3 \to x=-\dfrac{1}{2}y+\dfrac{3}{2}$

③ $y=-\dfrac{1}{2}x+\dfrac{3}{2} \ (x>3)$

정답　(1) $y=x+2 \, (x \geq -2)$　　(2) $y=-\dfrac{1}{2}x+\dfrac{3}{2} \ (x>3)$

유제 23-1　$x<3$이고, $f(x)=2x-3$일 때, $f^{-1}(x)$를 구하시오.

유제 23-2　함수 $y=3x-2$의 역함수가 $y=ax+b$라 할 때, 상수 a, b에 대하여 $a+b$의 값을 구하시오.

기 | 본 | 예 | 제 24

$x \geq 0$이고, $f(x) = x - 2$, $g(x) = 2x + 1$일 때, $g \circ f$의 역함수를 구하시오.

탐구 합성함수 문제는 대입 또는 치환을 이용한다.

풀이 $(g \circ f)(x) = g(f(x))$이므로

$$(g \circ f)(x) = g(f(x)) = 2(x - 2) + 1 = 2x - 3$$

$g \circ f$의 치역을 구하면

$x \geq 0$일 때, $y \geq -3$

$y = 2x - 3$에서 $x = \dfrac{1}{2}y + \dfrac{3}{2}$

x와 y를 호환하여 $g \circ f$의 역함수를 구하면

$$(g \circ f)^{-1}(x) = \dfrac{1}{2}x + \dfrac{3}{2} \quad (x \geq -3)$$

정답 $(g \circ f)^{-1}(x) = \dfrac{1}{2}x + \dfrac{3}{2} \quad (x \geq -3)$

유제 24-1 $x \leq 0$이고, $f(x) = x + 2$, $g(x) = 2x - 1$일 때, $f \circ g$의 역함수를 구하시오.

유제 24-2 실수 전체 집합에서 정의된 함수 f에 대하여 $f(2x + 1) = 4x - 3$이 성립될 때, 함수 $f(x)$의 역함수를 구하시오.

기 | 본 | 예 | 제 25

집합 $X = \{x \,|\, x \ge a\}$에 대하여 X에서 X로의 함수 $f(x) = x^2 - 4x - 6$의 역함수가 존재할 때, 상수 a의 값을 구하시오.

탐구 이차함수는 꼭짓점의 좌·우 범위에서만 역함수를 구할 수 있다.

풀이 $f(x) = x^2 - 4x - 6 = (x-2)^2 - 10$

$x \ge a$에서 일대일대응이므로 $a \ge 2$

치역과 공역이 일치해야 하므로 $f(a) = a$이다.

$$a^2 - 4a - 6 = a \qquad a^2 - 5a - 6 = 0 \qquad (a-6)(a+1) = 0$$

$$\therefore\ a = 6 \ \text{또는}\ a = -1$$

$a \ge 2$이므로 $a = 6$

정답 6

유제 25-1 집합 $X = \{x \,|\, x \le a\}$에 대하여 X에서 X로의 함수 $f(x) = 2x^2 + 4x - 2$의 역함수가 존재할 때, 상수 a의 값을 구하시오.

유제 25-2 집합 $X = \{x \,|\, x \ge 1\}$에 대하여 X에서 X로의 함수 $f(x) = x^2 - 2k^2 x + 1$의 역함수가 존재할 때, 상수 k의 값을 모두 구하시오.

→ 원함수 $f\colon X \to Y$의 역함수를 $f^{-1}\colon Y \to X$라 하면

(1) 역함수와 원함수를 합성하면 항등함수가 된다.

→ $f^{-1} \circ f = I,\ f \circ f^{-1} = I$ (I는 항등함수)

(2) 역함수의 역함수는 원함수가 된다.

→ $(f^{-1})^{-1} = f$

(3) 합성함수에서의 역함수는 역함수의 역합성함수가 된다.

→ $(g \circ f)^{-1} = f^{-1} \circ g^{-1}$

(4) 합성함수가 항등함수이면 두 함수는 서로 역함수이다.

→ $g \circ f = I,\ f \circ g = I$이면 $g = f^{-1},\ f = g^{-1}$ (I는 항등함수)

강의 **역함수의 성질은 그 기능을 이해하고 꼭 기억해두어야 한다!**

① $(f^{-1})^{-1} = f$

② $f^{-1} \circ f = I,\ f \circ f^{-1} = I$

③ $f^{-1} \circ g = h \Leftrightarrow g = f \circ h$

④ $(g \circ f)^{-1} = f^{-1} \circ g^{-1}$

⑤ $f(a) = b \Leftrightarrow f^{-1}(b) = a$

주의 $f^{-1} \circ f = I,\ f \circ f^{-1} = I$ 의 의미

→ $f(f^{-1}(x)) = x \to f^{-1}(f(2)) = 2$

기 | 본 | 예 | 제 26

두 함수 $f(x) = 1 - x,\ g(x) = 1 + x$일 때, $(f \circ g)^{-1} \circ f(2)$의 값을 구하시오.

탐구 ① $(f \circ g)^{-1} = g^{-1} \circ f^{-1}$　　　② $f^{-1} \circ f = I$

풀이 $(f \circ g)^{-1} \circ f(2) = g^{-1} \circ f^{-1} \circ f(2) = g^{-1}(2)$

$g^{-1}(2) = k$라 하면

$g(k) = 2$

이것을 $g(x) = 1 + x$에 대입하면

$g(k) = 1 + k = 2 \qquad \therefore\ k = 1$

정답 1

유제 26-1 두 함수 f, g에 대하여 $(g \circ f)(x) = 2x - 3$일 때, $(f^{-1} \circ g^{-1})(5)$의 값을 구하시오.

유제 26-2 두 함수 $f(x) = 2x - a$, $g(x) = \dfrac{1}{2}x + 1$에 대하여 $(g \circ f)^{-1} = g^{-1} \circ f^{-1}$가 성립할 때, 상수 a의 값을 구하시오.

기|본|예|제 27

다음 물음에 답하시오.

(1) 함수 $f(x) = 2x - 3$일 때, $f^{-1}(5)$의 값을 구하시오.

(2) 함수 $f(x) = x + a$에 대하여 $f(-2) = 0$, $f^{-1}(3) = b$일 때, 상수 a, b의 값을 구하시오.

탐구 $f^{-1}(a) = b$일 때, $f(b) = a$로 바꾸어 구한다.

풀이 (1) $f^{-1}(5) = k$라 하면 $f(k) = 5$가 된다.

이 값을 주어진 식에 대입하여 k의 값을 구하면

$$f(k) = 2k - 3 = 5 \qquad \therefore \ k = 4$$

따라서 $f^{-1}(5) = 4$이다.

(2) $f(-2) = 0$이므로 주어진 식에 대입하여 a의 값을 구하면

$$f(-2) = -2 + a = 0 \qquad \therefore \ a = 2$$

$f^{-1}(3) = b$를 $f(b) = 3$으로 바꾸어 주어진 식에 대입하면

$$f(b) = b + 2 = 3 \qquad \therefore \ b = 1$$

정답 (1) 4 (2) $a = 2$, $b = 1$

유제 27-1 함수 $f : X \to Y$가 오른쪽 그림과 같을 때, 다음을 구하시오.

(1) $f^{-1}(2)$ (2) $f(2)$

(3) $f(1) + f^{-1}(1)$ (4) $f^{-1}(3) + f^{-1}(4)$

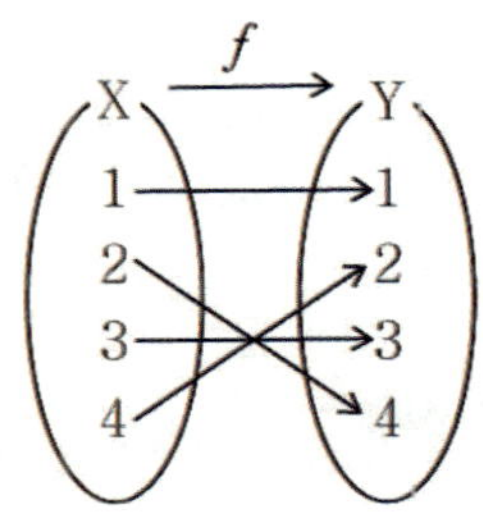

유제 27-2 두 함수 $f(x) = -x + a$, $g(x) = bx - 1$에 대하여 $g^{-1}(2) = 1$이고 $f^{-1}(3) + g(1) = 1$이라 할 때, 상수 a, b에 대하여 $a + b$의 값을 구하시오.

→ 함수 $y=f(x)$의 그래프와 그 역함수 $y=f^{-1}(x)$의
그래프는 직선 $y=x$에 대하여 대칭이다.

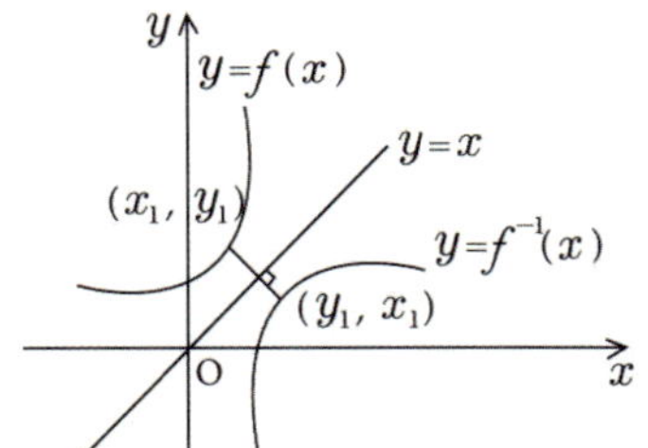

강의 **역함수의 그래프는 $y=x$에 대하여 대칭임을 이용한다!**

→ $y=x$에 대칭

→ $y=x^3 \underset{\text{역함수}}{\rightleftarrows} x=y^3$

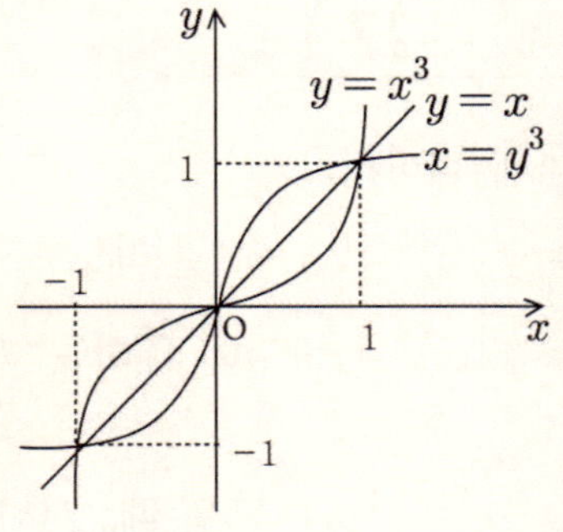

기 | 본 | 예 | 제 28

$y=x^3$과 $x=y^3$의 그래프의 교점의 좌표를 구하시오.

탐구 $y=x^3$과 $x=y^3$의 연립 → $y=x^3$과 $y=x$ 연립

풀이 두 함수 $y=x^3$과 $x=y^3$는 서로 역함수이고 증가함수이므로 두 함수의 그래프의 교점은
$y=x$위에 존재한다.
$x^3=x$의 근을 구하면
$$x^3-x=x(x+1)(x-1)=0 \quad \therefore \ x=-1, \ 0, \ 1$$
따라서 교점의 좌표는 $(-1, -1)$, $(0, 0)$, $(1, 1)$이다.

정답 $(-1, -1)$, $(0, 0)$, $(1, 1)$

유제 28-1 함수 $f(x)=-2x+1$과 그 역함수 $g(x)$의 그래프의 교점의 좌표를 구하시오.

유제 28-2 함수 $f(x)=2x^2-4x-3 \ (x \geq 2)$과 그 역함수 $g(x)$의 그래프의 교점의 좌표를
구하시오.

함수 $y=f(x)$의 그래프와 직선 $y=x$가 오른쪽
그림과 같을 때 $(f \circ f)^{-1}(d)$의 값을 구하시오.

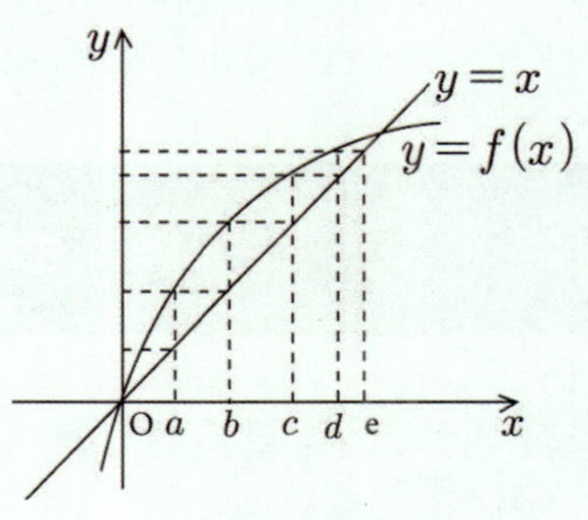

탐구 $f^{-1}(a)=b$이면 $f(b)=a$임을 이용한다.

풀이 $(f \circ f)^{-1}(d) = (f^{-1} \circ f^{-1})(d) = f^{-1}(f^{-1}(d))$ $\cdots$ ①

$f^{-1}(d)=k$라 하면 $f(k)=d$이므로
오른쪽 그림에서 $k=c$이다.

①에서 $f^{-1}(f^{-1}(d))=f^{-1}(c)$이므로

$f^{-1}(c)=t$라 하면 $f(t)=c$이다.

오른쪽 그림에서 t의 값을 구하면

$t=b$이다.

$\qquad \therefore \ (f \circ f)^{-1}(d) = b$

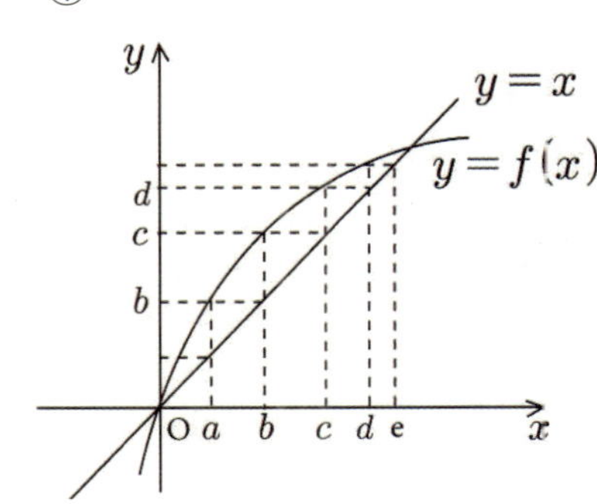

정답 b

유제 29-1 함수 $y=f(x)$의 그래프와 직선 $y=x$가
오른쪽 그림과 같을 때, $(f \circ f)^{-1}(b)$의
값을 구하시오.

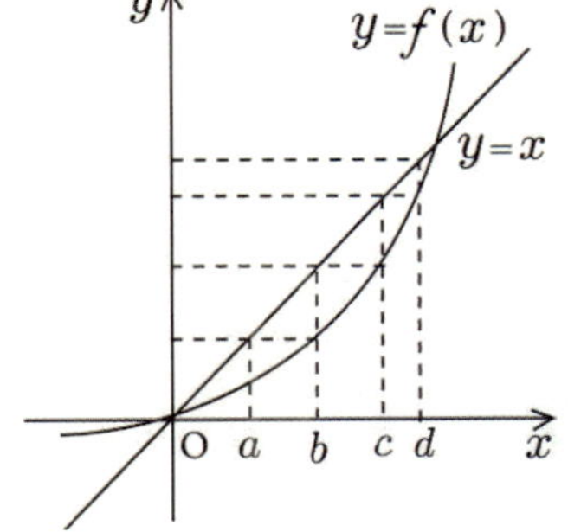

유제 29-2 함수 $y=f(x)$의 그래프와 직선 $y=x$가
오른쪽 그림과 같을 때, $(f \circ f \circ f)^{-1}(a)$의
값을 구하시오.

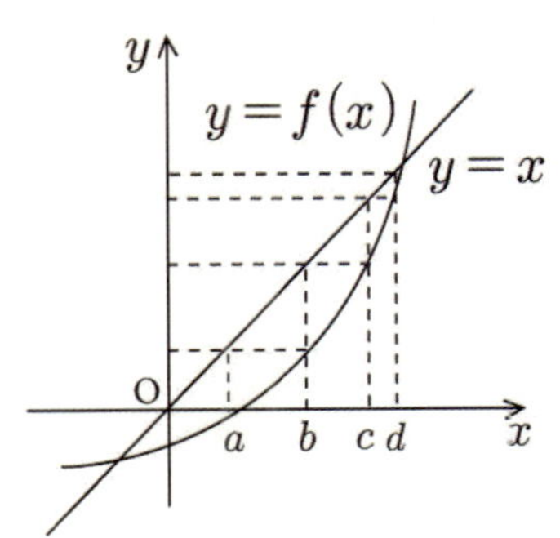

반복학습 기록란.

가장 좋은 학습방법은 학교에서나 학원에서나 선생님의 강의를 열심히 듣고 여러 번 반복학습하는 것입니다.
지금부터 당장 선생님의 강의를 열심히 듣고 반복! 반복하십시오. 그러면 곧 모든 과목에 자신이 생길 것입니다.

회수	시작이 반!			끝을 봐야!			확인
제1회	년	월	일 부터	년	월	일 까지	
제2회	년	월	일 부터	년	월	일 까지	
제3회	년	월	일 부터	년	월	일 까지	
제4회	년	월	일 부터	년	월	일 까지	
제5회	년	월	일 부터	년	월	일 까지	
제6회	년	월	일 부터	년	월	일 까지	
제7회	년	월	일 부터	년	월	일 까지	
제8회	년	월	일 부터	년	월	일 까지	
제9회	년	월	일 부터	년	월	일 까지	
제10회	년	월	일 부터	년	월	일 까지	

▶ 연습문제 A는 앞에서 배운 기초 단계의 문제이므로 선생님의 도움 없이 스스로 풀어 자신의 실력을 점검해 보도록 하자.

01 500원짜리 공책 x권을 샀을 때 지불해야 하는 금액을 y원이라 한다. 다음 표를 완성하고, y가 x의 함수인지 아닌지 말하시오.

x (권)	1	2	3	4
y (원)				

02 함수 $f(x)=2x+3$에 대하여 다음을 구하시오.

(1) $f(0)$　　　　(2) $f(1)$　　　　(3) $f\left(-\dfrac{1}{2}\right)$　　　　(4) $f(-2)$

03 두 집합 $X=\{-2,\,-1,\,0,\,1,\,2\}$, $Y=\{1,\,2,\,3,\,4,\,5\}$에 대하여 X에서 Y로의 함수가 아닌 것을 고르시오.

① $y=|x|+1$　　　　② $y=2x-1$　　　　③ $y=x^2+1$

④ $y=x+3$　　　　⑤ $y=-x+3$

04 다음 함수의 정의역을 구하시오.

(1) $y=2x-3$　　　　(2) $y=\dfrac{5}{x-3}$　　　　(3) $y=\sqrt{x-3}$

05 집합 $X=\{0,\,1,\,2\}$를 정의역으로 하는 함수 $f:X\to Y$를 $f(x)=2x^2-3$이라 정의할 때, 함수 f의 치역을 구하시오.

06   두 집합 $X=\{x\mid 1\leq x\leq 5,\ x\text{는 정수}\}$, $Y=\{y\mid 1\leq y\leq 10,\ y\text{는 정수}\}$에 대하여 함수 $f:X\to Y$가 $f(x)=2x-1$일 때, 함수 f의 그래프 G를 구하시오.

07   다음 중 함수의 그래프가 아닌 것을 고르시오.

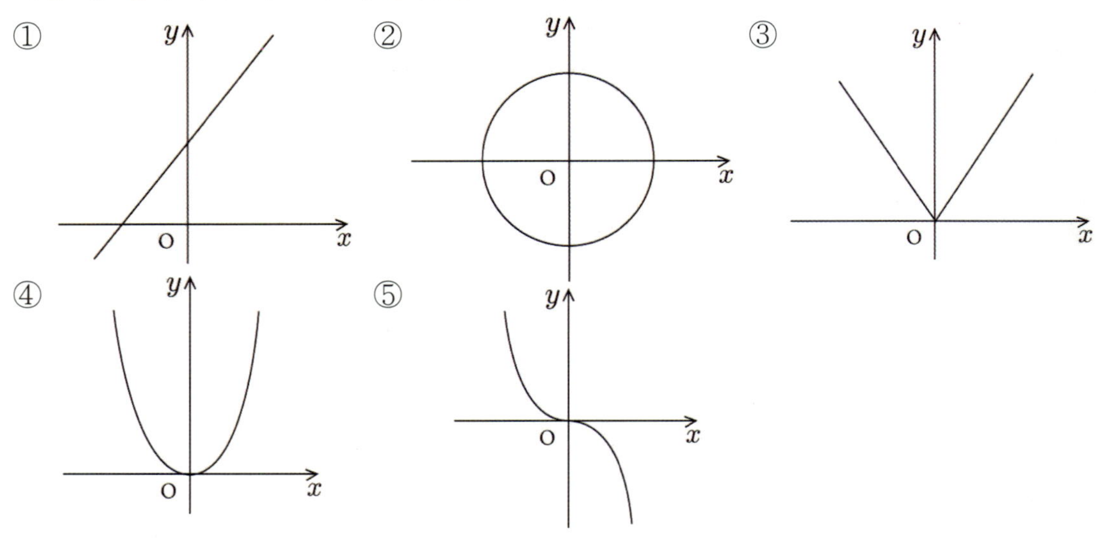

08   집합 X를 정의역으로 하는 두 함수를 $f(x)=x^3-2x^2-1$, $g(x)=x^2-2x-1$이라 할 때, $f(x)$와 $g(x)$가 서로 같은 함수가 되도록 하는 집합 X를 모두 구하시오.

09   다음 중 일대일함수를 고르시오.

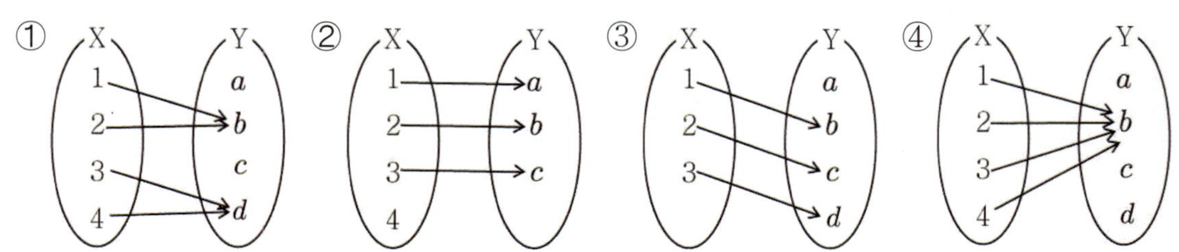

10   두 집합 $X=\{x\mid 1\leq x\leq 100,\ x\text{는 자연수}\}$, $Y=\{y\mid 1\leq y\leq 200,\ y\text{는 짝수}\}$에 대하여 X에서 Y로의 함수 $y=f(x)$가 다음과 같을 때, 치역과 공역이 같은 함수를 모두 고르시오.

    ① $y=x$ ② $y=2x$ ③ $y=3x$ ④ $y=2|x|$ ⑤ $y=x^2$

11 두 집합 $X=\{x|-2 \leq x \leq 1\}$, $Y=\{y|1 \leq y \leq 7\}$에 대하여 X에서 Y로의 함수 $f(x)=ax+b$가 일대일대응일 때, $b-a$의 값을 구하시오. (단, $a>0$)

12 다음 함수의 그래프 중에서 일대일대응인 것을 고르시오.

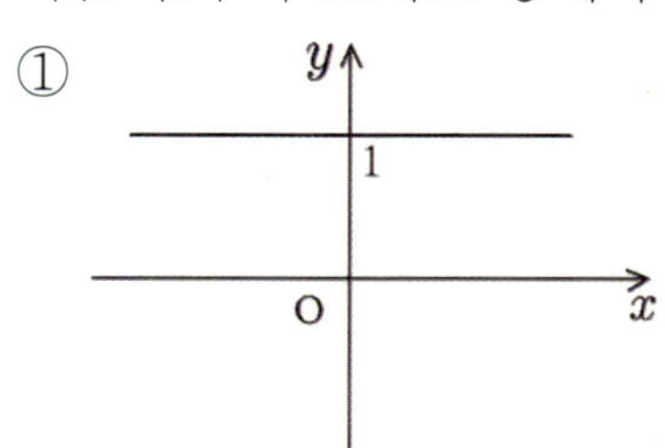
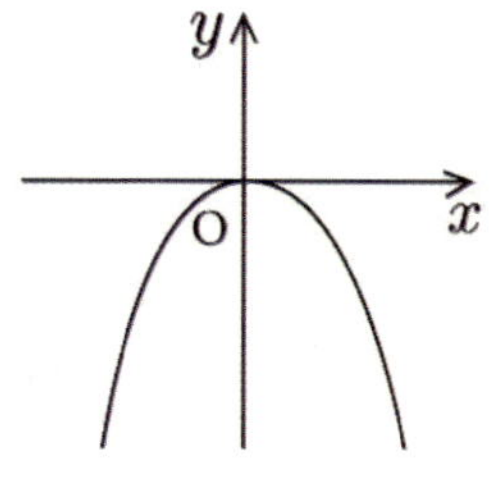
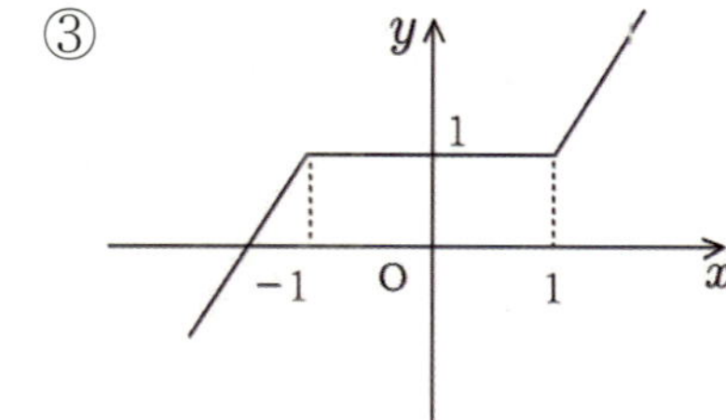
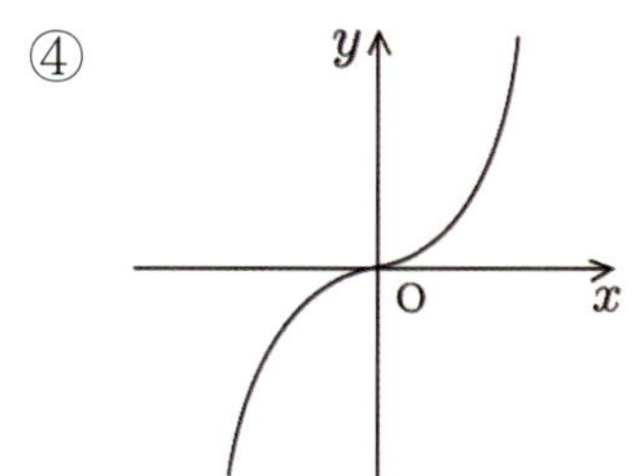
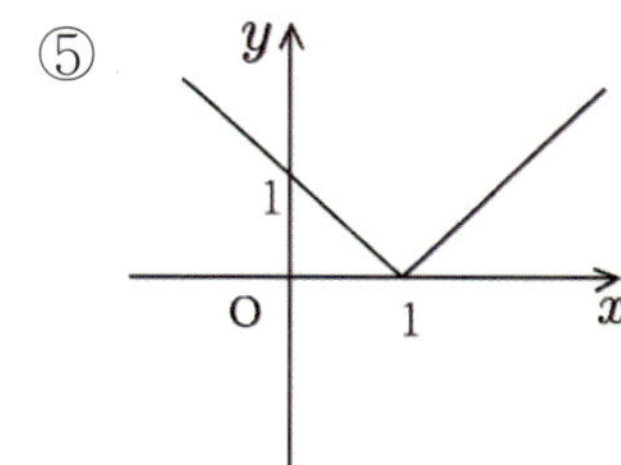

13 함수 $f:X \to X$가 항등함수일 때, 다음의 값을 구하시오.
(1) $f(-2)+f(10)$
(2) $f(5)-f(-5)$
(3) $f(2025) \times f(0)$

14 집합 $X=\{0, 1\}$이라 할 때, $f:X \to Y$에 대하여 $f(x)=x^2-ax-3$이 상수함수가 되게 하는 a의 값을 구하시오.

15 두 집합 $A=\{a, b, c\}$, $B=\{1, 2, 3, 4\}$에 대하여 다음을 구하시오.
(1) A에서 B로의 함수의 개수
(2) A에서 B로의 일대일함수의 개수

16 두 집합 $X=\{1, 3, 5\}$, $Y=\{1, 2, 3, 4, 5\}$일 때, $f: X \to Y$에 대하여
$$x_1 < x_2 \text{이면 } f(x_1) < f(x_2)$$
를 만족하는 함수 f의 개수를 구하시오.

17 두 함수 $f: X \to Y$, $g: Y \to X$가 오른쪽 그림과 같을 때, 다음을 구하시오.

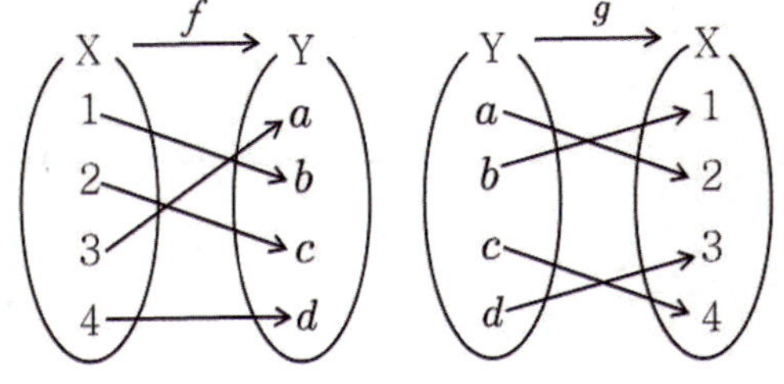

(1) $(g \circ f)(2)$
(2) $(g \circ f)(4)$
(3) $(f \circ g)(a)$
(4) $(f \circ g)(c)$

18 두 함수 $f(x) = \begin{cases} 3 & (x \geq 1) \\ 2x+1 & (x < 1) \end{cases}$, $g(x) = x^2 - 2$에 대하여 $(f \circ g)(2) + (g \circ f)(0)$의 값을 구하시오.

19 함수 $f(x) = x+1$에 대하여 $f^1 = f$, $f^{n+1} = f \circ f^n$ (n은 자연수)일 때, $f^{100}(2)$의 값을 구하시오.

20 함수 $g(x) = 3x-1$일 때, $(f \circ g)(x) = 5x+1$을 만족하는 함수 $f(x)$를 구하시오.

21 두 함수 $f(x) = -x+3$, $g(x) = 2x+a$에 대하여 $g \circ f = f \circ g$를 만족하는 상수 a의 값을 구하시오.

22 두 함수 $f(x)=x^2$, $g(x)=-2x+1$에 대하여 $(f \circ g)(x)$와 $(g \circ f)(x)$를 구하고 합성함수의 교환법칙이 성립하는지 확인하시오.

23 다음 함수 $f: X \to Y$ 중 역함수가 존재하는 것을 고르시오.

① 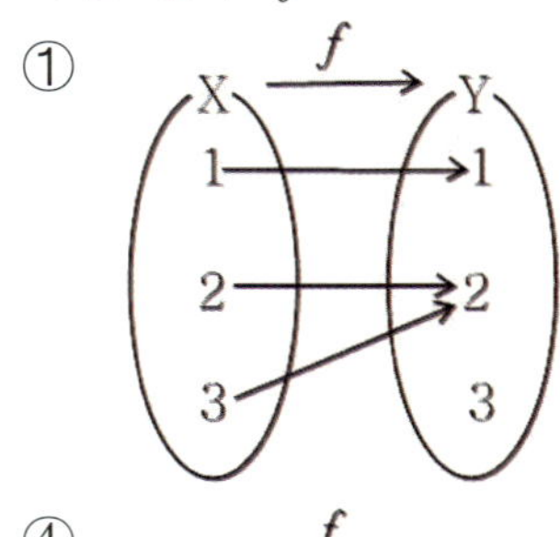 ② 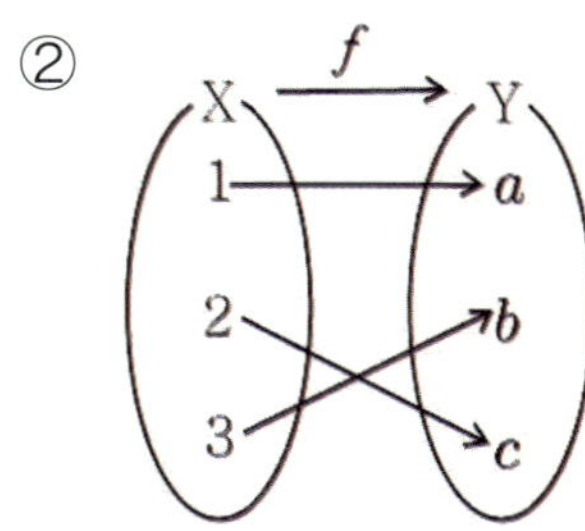 ③ 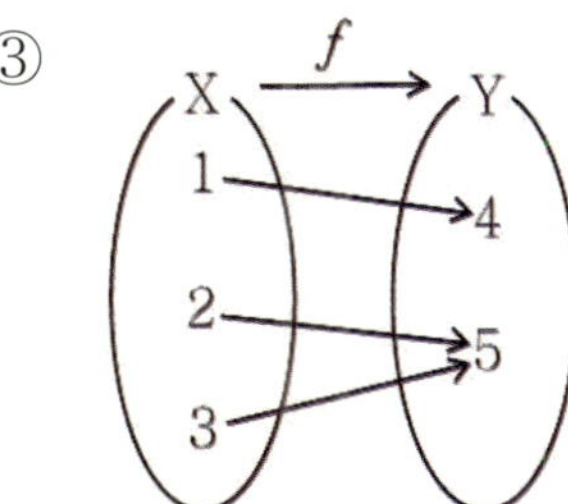

④ 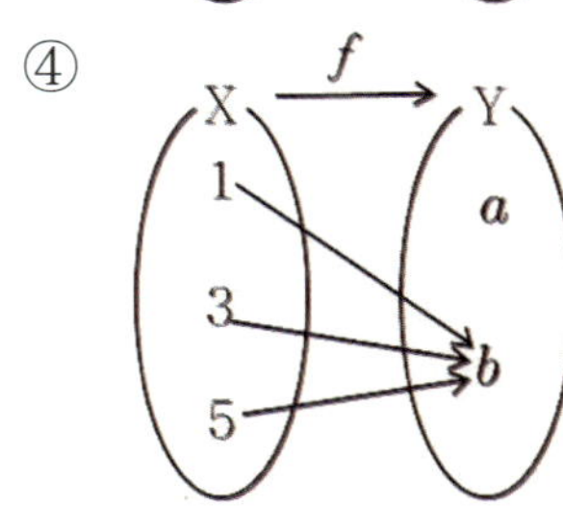 ⑤ 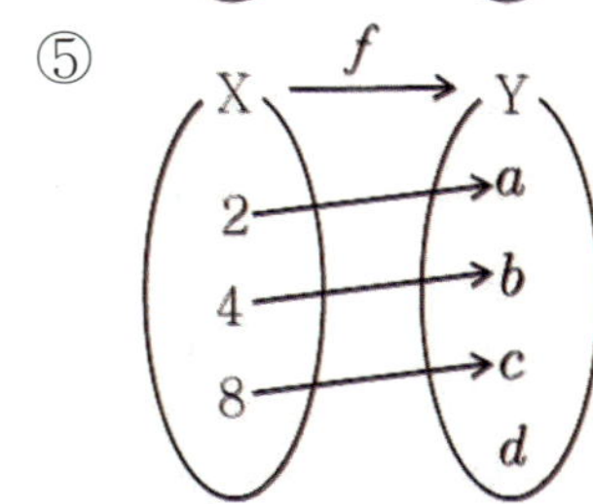

24 두 집합 $X=\{x|-2 \leq x \leq 2\}$, $Y=\{y|3 \leq y \leq 11\}$에 대하여 X에서 Y로의 함수 $f(x)=ax+b$의 역함수가 존재할 때, (a, b)의 모든 순서쌍을 구하시오. (단, a, b는 상수)

25 다음 함수의 역함수를 구하시오.

(1) $y=x-2 \ (x \geq 0)$　　　　　　(2) $y=-2x+3 \ (x < 0)$

26 $x \geq 0$이고, $f(x)=x-2$, $g(x)=2x+1$일 때, $g \circ f$의 역함수를 구하시오

27 집합 $X=\{x|x \geq a\}$에 대하여 X에서 X로의 함수 $f(x)=x^2-4x-6$의 역함수가 존재할 때, 상수 a의 값을 구하시오.

28 두 함수 $f(x)=1-x$, $g(x)=1+x$일 때, $(f \circ g)^{-1} \circ f(2)$의 값을 구하시오.

29 다음 물음에 답하시오.

(1) 함수 $f(x)=2x-3$일 때, $f^{-1}(5)$의 값을 구하시오.

(2) 함수 $f(x)=x+a$에 대하여 $f(-2)=0$, $f^{-1}(3)=b$일 때, 상수 a, b의 값을 구하시오.

30 $y=x^3$과 $x=y^3$의 그래프의 교점의 좌표를 구하시오.

31 함수 $y=f(x)$의 그래프와 직선 $y=x$가 오른쪽 그림과 같을 때 $(f \circ f)^{-1}(d)$의 값을 구하시오.

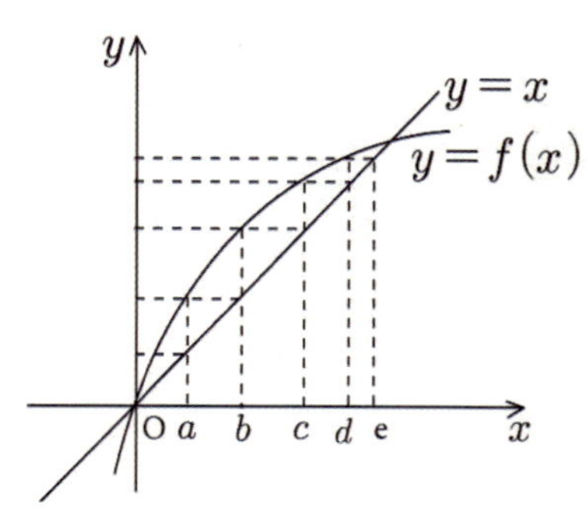

▶ 연습문제 B는 앞에서 배운 중급 단계의 문제이므로 선생님의 도움 없이 스스로 풀어 자신의 실력을 점검해 보도록 하자.

01 다음 중 y가 x의 함수인 것을 고르시오.
　　ㄱ 자연수 x의 배수 y
　　ㄴ 자연수 x와 서로소인 자연수 y
　　ㄷ 10보다 작은 자연수 x보다 큰 한 자리 자연수의 개수 y

02 함수 $f(x) = 4x - 1$에 대하여 $f(a) = 7$일 때, $f(b) = a$를 만족하는 상수 b의 값을 구하시오.

03 두 집합 $X = \{2, 3, 4, 5\}$, $Y = \{1, 2, 3, 4, 5, 6\}$에 대하여 다음 중 $f : X \to Y$가 함수인 것은? (단, $x \in X$)
① x에 x의 양의 약수가 대응한다.
② x에 x의 양의 약수의 개수가 대응한다.
③ x에 x의 양의 배수가 대응한다.
④ x에 x의 15 이하의 양의 배수의 개수가 대응한다.
⑤ x에 x의 양의 약수의 총합이 대응한다.

04 다음 함수의 정의역을 구하시오.
(1) $y = x^2 - 2x$

(2) $y = \sqrt{4 - x^2}$

(3) $y = \dfrac{5}{(x+1)(x-2)}$

05 임의의 자연수 n에 대하여 n의 양의 약수들의 총합을 $f(n)$이라 하자. 예를 들면, $f(3)=1+3=4$, $f(4)=1+2+4=7$이다. 다음 〈보기〉 중 옳지 않은 것을 고르시오.

> ── 〈 보기 〉 ──────────────
> ㄱ. $f(10)=18$
> ㄴ. $f(n)=n+1$이면 n은 소수이다.
> ㄷ. 임의의 자연수 m, n에 대하여 $f(mn)=f(m)f(n)$이다.

06 다음 중 함수의 그래프인 것을 모두 고르시오.

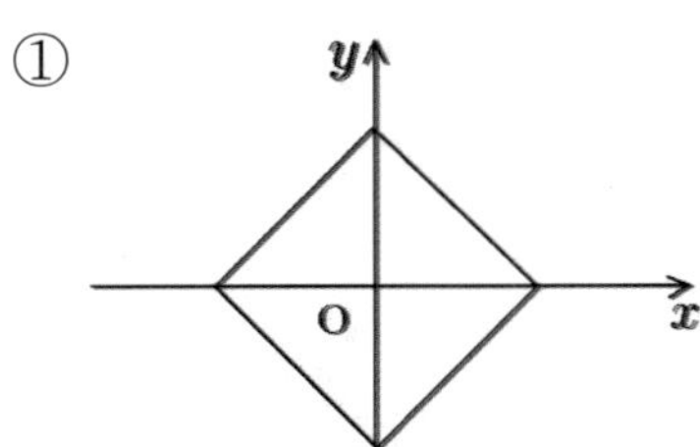

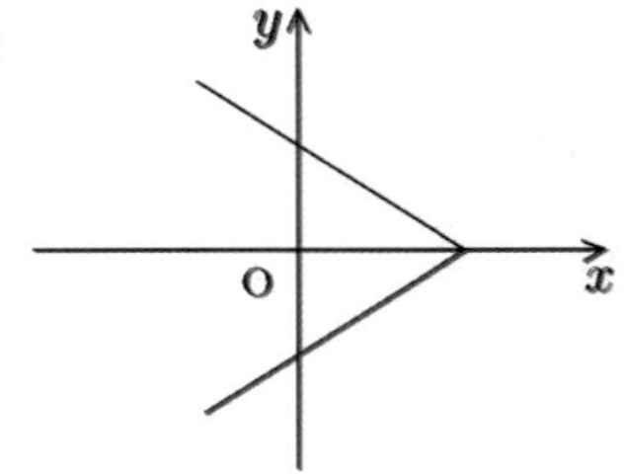

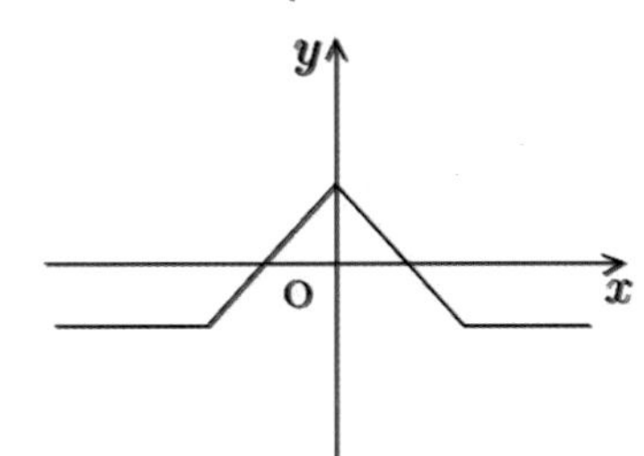

07 집합 $X=\{-1, 0, 1\}$을 정의역으로 하는 두 함수 $f(x)=ax+1$, $g(x)=x^3+b$에 대하여 $f(x)$와 $g(x)$가 서로 같은 함수일 때, 상수 a, b의 값을 구하시오.

08 집합 $X=\{1, 2, 3, 4\}$에 대하여 함수 $f: X \to Y$가 다음과 같이 정의될 때, 일대일함수인 것을 고르시오.

① $Y=\{1\}$, $f(x)=1$

② $Y=\{1, 2, 3, 4\}$, $f(x)=(x$의 양의 약수의 개수$)$

③ $Y=\{1, 3, 4, 5\}$, $f(x)=(x$의 약수의 총합$)$

④ $Y=\{y\,|\,y$는 자연수$\}$, $f(x)=(x$의 배수$)$

⑤ $Y=\{y\,|\,y$는 실수$\}$, $f(x)=x+1$

09 함수 $f: R \to R$ 가 $f(x) = \begin{cases} \dfrac{1}{2}x+2 \ (x \geq 2) \\ x+a \ (x < 2) \end{cases}$ 로 정의될 때, 함수 $f(x)$가 일대일대응이

되게 하는 상수 a의 값을 구하시오.

10 다음 그림으로 나타낸 대응 중에서 일대일대응인 것을 고르시오.

① 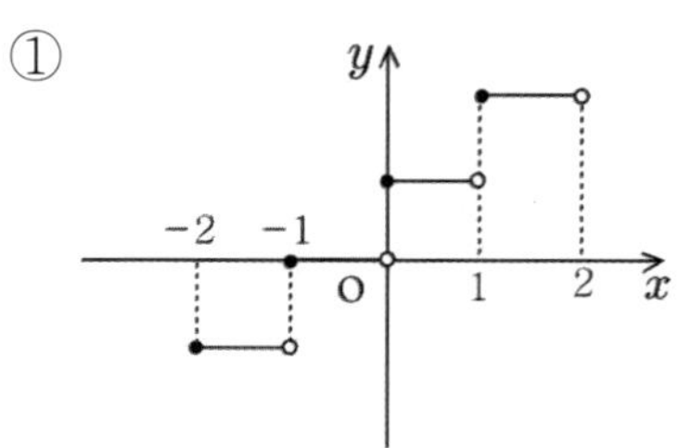 ② 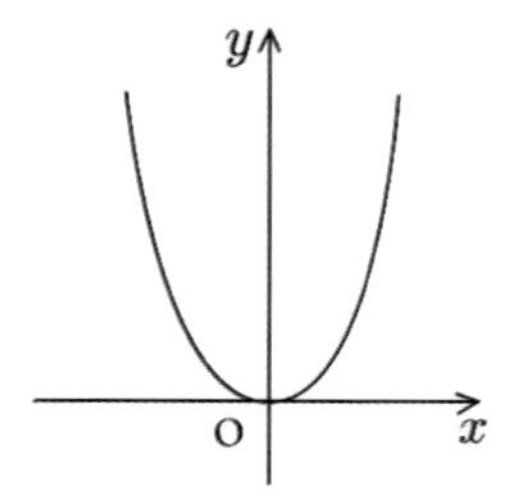 ③ 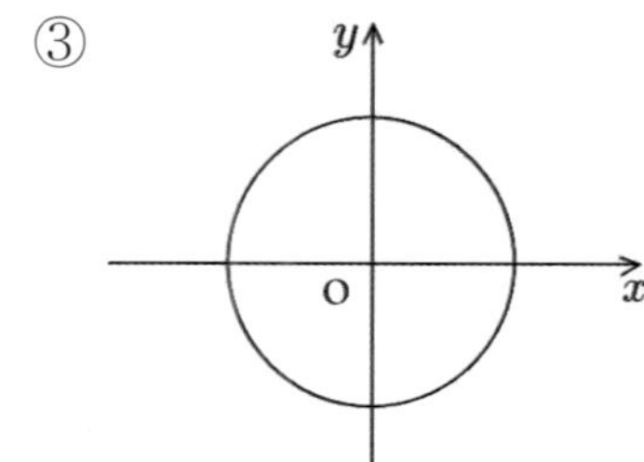

④ 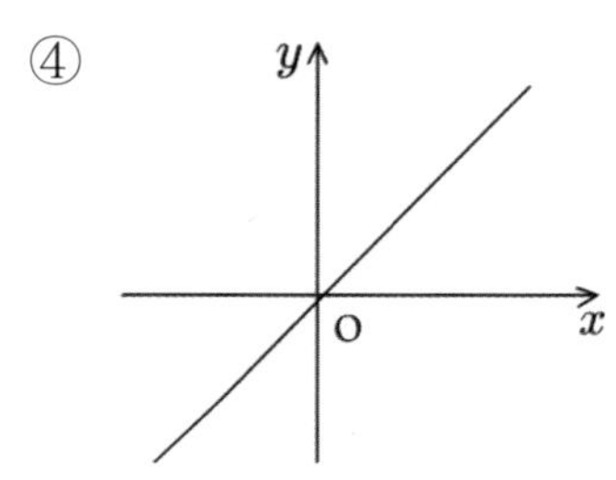 ⑤ 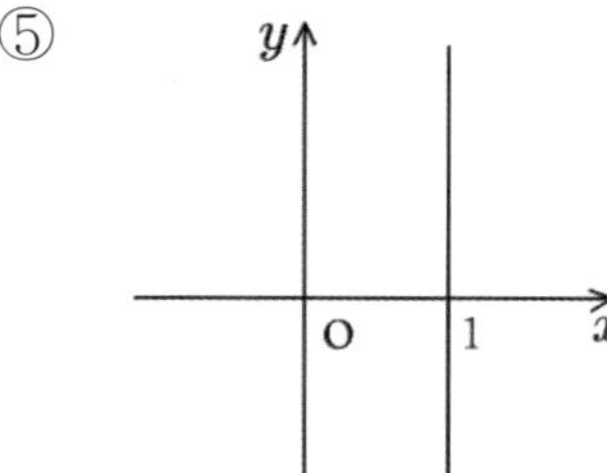

11 두 집합 $X=\{-1, 0, 1\}$, $Y=\{-2, -1, 0, 1, 2\}$라 할 때, X의 모든 원소 x에 대하여 $xf(x)$가 상수가 될 함수 $f: X \to Y$의 개수를 구하시오.

12 두 집합 $A=\{a, b, c, d\}$, $B=\{1, 2, 3, 4\}$에 대하여 다음을 구하시오.
(1) A에서 B로의 함수의 개수
(2) A에서 B로의 일대일대응의 개수
(3) A에서 B로의 상수함수의 개수

13 두 집합 $X=\{1, 2, 3, 4, 5\}$, $Y=\{2, 4, 6\}$에 대하여 X에서 Y로의 함수 f가 $x_1 < x_2$이면 $f(x_1) \leq f(x_2)$를 만족할 때, 함수 f의 개수를 구하시오.

14 세 함수 $f(x)=-2x+1$, $g(x)=3x+3$, $h(x)=x+5$에 대하여
$(h \circ g \circ f)(0)$의 값을 구하시오.

15 두 함수 $f(x)=\begin{cases} x+1 & (x \geq 0) \\ -x^2+2x+1 & (x<0) \end{cases}$, $g(x)=2x-3$에 대하여
$(f \circ g)(1)+(g \circ f)(1)$의 값을 구하시오.

16 함수 $f: X \to X$ 가 오른쪽 그림과 같고
$f^1=f$, $f^{n+1}=f \circ f^n \,(n$은 자연수$)$이라
할 때, $f^{54}(1)+f^{70}(2)$의 값을 구하시오.

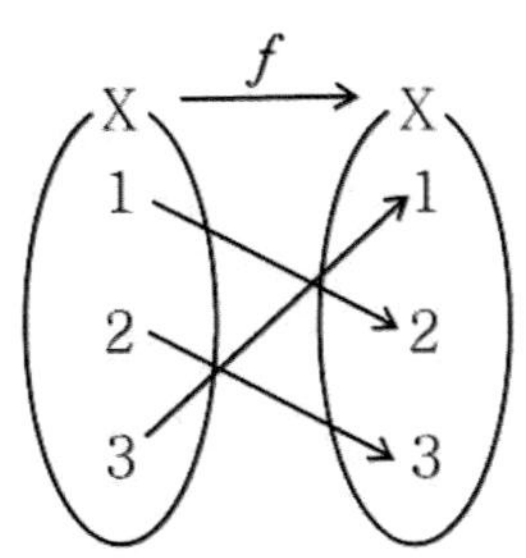

17 함수 $g(x)=x+1$에 대하여 $(f \circ g)(x)=2x+1$, $(h \circ f)(x)=6x-1$을 만족하는
함수 $h(x)$를 구하시오.

18 실수 전체 집합에서 정의된 함수 $f(x)=\dfrac{1}{3}x-2$가 $(f \circ f \circ f)(a)>0$을 만족하는
정수 a의 최솟값을 구하시오.

19 세 함수 f, g, h에 대하여 $f(x) = x+1$, $(g \circ h)(x) = 2x^2$일 때, $((f \circ g) \circ h)(3)$의 값을 구하시오.

20 다음 중 역함수가 존재하는 함수를 모두 고르시오.

① $y = 2x - 3$ ② $y = -x^2 + 2x + 1$ ③ $y = |x|$

④ $y = \dfrac{1}{x}$ (단, $x > 0$)   ⑤ $y = 3x^2 + x$

21 실수 전체 집합에서 정의된 함수 $f(x) = |2x - 1| - ax$의 역함수가 존재할 때, 양의 정수 a의 최솟값을 구하시오.

22 함수 $y = 3x - 2$의 역함수가 $y = ax + b$라 할 때, 상수 a, b에 대하여 $a + b$의 값을 구하시오.

23 실수 전체 집합에서 정의된 함수 f에 대하여 $f(2x + 1) = 4x - 3$이 성립될 때, 함수 $f(x)$의 역함수를 구하시오.

24 집합 $X=\{x \,|\, x \geq 1\}$에 대하여 X에서 X로의 함수 $f(x)=x^2-2k^2x+1$의 역함수가 존재할 때, 상수 k의 값을 모두 구하시오.

25 두 함수 $f(x)=2x-a$, $g(x)=\dfrac{1}{2}x+1$에 대하여 $(g \circ f)^{-1}=g^{-1} \circ f^{-1}$가 성립할 때, 상수 a의 값을 구하시오.

26 두 함수 $f(x)=-x+a$, $g(x)=bx-1$에 대하여 $g^{-1}(2)=1$이고 $f^{-1}(3)+g(1)=1$이라 할 때, 상수 a, b에 대하여 $a+b$의 값을 구하시오.

27 함수 $f(x)=2x^2-4x-3 \ (x \geq 2)$과 그 역함수 $g(x)$의 그래프의 교점의 좌표를 구하시오.

28 함수 $y=f(x)$의 그래프와 직선 $y=x$가 오른쪽 그림과 같을 때, $(f \circ f \circ f)^{-1}(a)$의 값을 구하시오.

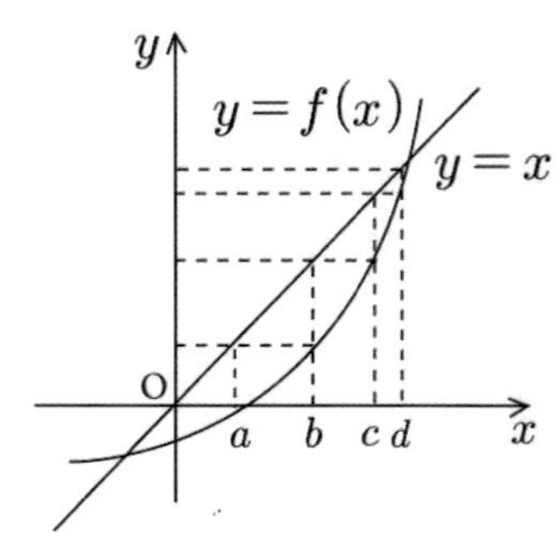

PART 02

유리함수

- ◆ 중·고교 연결과정 선수학습
- **1** 유리식과 그 연산
- **2** 비례식과 그 연산
- **3** 유리함수
- ◆ 반복학습 기록란
- ◆ 연습문제 (A) (B)

화가 났을 때는 아무 일도 하지 말라. 하는 일마다 잘못될 것이다.

- 발타사르 그라시안 -

1 분수의 통분

(1) 공약수가 없는 경우
→ 분모를 서로 곱한다.
(2) 공약수가 있는 경우
→ 분모를 공약수로 쪼갠다.
(3) 공약수가 잘 안 보이는 경우
→ 최소공배수를 구하여 통분한다.

강의 공약수가 없는 분모의 통분은 분모를 서로 곱하여 통분한다!

→ 분모를 서로 곱하여 통분

기 | 본 | 예 | 제 01

$\dfrac{7}{8} - \dfrac{5}{9}$ 를 계산하시오.

탐구 분모의 공약수가 없을 경우에는 분모를 서로 곱하여 통분한다.

풀이 분모의 공약수가 없으므로 분모의 곱인 $8 \times 9 = 72$로 통분한다.

$$(준식) = \frac{7 \times 9}{72} - \frac{5 \times 8}{72} = \frac{63 - 40}{72} = \frac{23}{72}$$

정답 $\dfrac{23}{72}$

유제 01-1 다음을 계산하시오.

(1) $\dfrac{3}{4} - \dfrac{3}{7}$
(2) $\dfrac{7}{2} + \dfrac{8}{9}$

유제 01-2 $\dfrac{3}{2} + \dfrac{7}{3} - \dfrac{4}{5}$ 를 계산하시오.

강의 공약수가 있는 분모의 통분은 공약수가 잘 보이면 쪼개어 통분한다!

→ 분모를 공약수로 쪼개어 통분

기 | 본 | 예 | 제 02

$\dfrac{13}{54} - \dfrac{17}{42}$ 을 계산하시오.

탐구 분모를 6×9, 6×7로 쪼개어 통분한다.

풀이 (준식) $= \dfrac{13}{6 \times 9} - \dfrac{17}{6 \times 7} = \dfrac{13 \times 7 - 17 \times 9}{6 \times 9 \times 7} = \dfrac{-62}{6 \times 9 \times 7}$

$\qquad = -\dfrac{31}{189}$

정답 $-\dfrac{31}{189}$

유제 02-1 다음을 계산하시오.

(1) $\dfrac{5}{12} + \dfrac{11}{18}$ 　　　　　　 (2) $\dfrac{9}{10} - \dfrac{4}{15}$

유제 02-2 다음을 계산하시오.

(1) $\dfrac{9}{20} - \dfrac{22}{45}$ 　　　　　　 (2) $\dfrac{13}{16} + \dfrac{13}{24}$

강의 공약수가 잘 안 보이는 분모의 통분은 최소공배수를 따로 구하여 통분한다!

➡ 최소공배수를 구하여 통분

기|본|예|제 03

$\dfrac{49}{270} - \dfrac{25}{126}$ 를 계산하시오.

탐구 공약수가 잘 안 보이는 경우 최소공배수를 구하여 통분한다.

풀이 분모는 공약수로 쪼개기 어려우므로 분모의 최소공배수를 구하여 통분하면

$$(준식) = \dfrac{49}{2\times 3^3 \times 5} - \dfrac{25}{2\times 3^2 \times 7} = \dfrac{49\times 7 - 25\times 3\times 5}{2\times 3^3 \times 5\times 7}$$

$$= \dfrac{-32}{2\times 3^3 \times 5\times 7} = -\dfrac{16}{945}$$

✔ 정답 $-\dfrac{16}{945}$

유제 03-1 다음을 계산하시오.

(1) $\dfrac{1}{18} + \dfrac{7}{60}$

(2) $\dfrac{7}{44} - \dfrac{5}{66}$

유제 03-2 다음을 계산하시오.

(1) $\dfrac{7}{30} - \dfrac{2}{45}$

(2) $\dfrac{3}{28} + \dfrac{11}{42}$

2 비례관계

→ x, y는 변수이고 k는 0이 아닌 상수일 때,

[1] 정비례

→ $\dfrac{y}{x}=k \leftrightarrow y=kx \leftrightarrow y$는 x에 정비례한다.

[2] 반비례

→ $xy=k \leftrightarrow y=\dfrac{k}{x} \leftrightarrow y$는 x에 반비례한다.

체크 비례관계와 그래프

① 정비례관계의 그래프 $(x>0)$

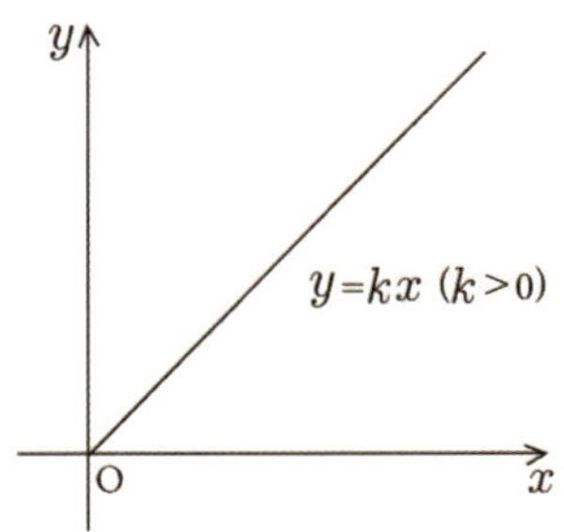

② 반비례관계의 그래프 $(x>0)$

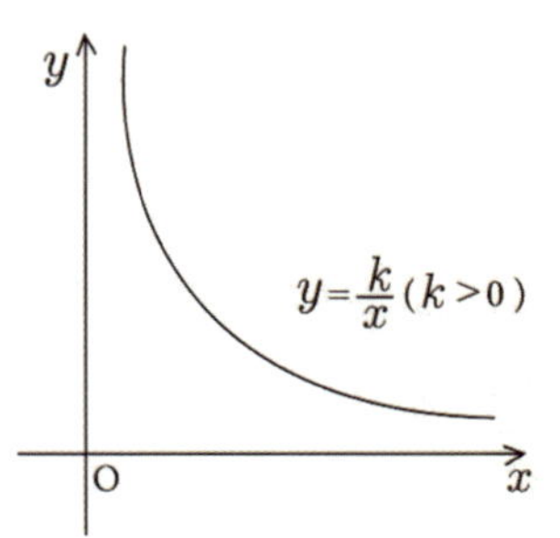

강의 몫이 일정할 때 정비례한다!

→ $\dfrac{y}{x}=k$ (일정) $\rightarrow y=kx$

기|본|예|제 04

6L의 휘발유를 넣으면 54km를 달릴 수 있는 자동차로 360km를 달리는데 필요한 휘발유의 양을 구하시오.

탐구 $\dfrac{y}{x}=k$ (일정) $\rightarrow y=kx$; 정비례

풀이 $\dfrac{54}{6}=9$로 일정하므로

$y=9x$ (x : 휘발유, y : 달린 거리)

$y=360 \rightarrow y=9x$; $360=9x$　　∴$x=40(\text{L})$

정답　40L

 5시간에 30개의 장난감을 만드는 기계가 있다. 이 기계로 45개의 장난감을 만드는 데 걸리는 시간을 구하시오.

 오른쪽 그림은 두 변수 x, y 사이의 관계를 나타낸 것이다. x가 4일 때, y의 값을 구하시오.

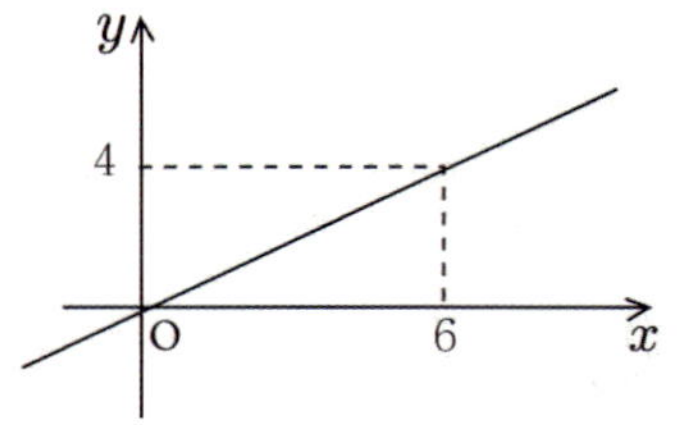

강의 곱이 일정할 때 반비례한다!

$$\rightarrow \ xy = k \ (\text{일정}) \ \rightarrow \ y = \frac{k}{x}$$

기 | 본 | 예 | 제 05

온도가 일정할 때, 기체의 부피는 압력에 반비례한다. 일정한 온도에서 압력이 6기압일 때, 부피가 25cm^3인 기체가 같은 온도에서 압력이 15기압일 때의 부피를 구하시오.

탐구 $xy = k \ (\text{일정}) \ \rightarrow \ y = \dfrac{k}{x}$; 반비례

풀이 $6 \times 25 = 150$으로 일정하므로 $y = \dfrac{150}{x}$ (x : 압력, y : 부피)

$x = 15 \rightarrow y = \dfrac{150}{x}$; $y = \dfrac{150}{15}$ $\therefore x = 10\,(\text{cm}^3)$

정답 10cm^3

 우유 2000ml를 같은 용량의 병에 나누어 담으려고 한다. 병의 개수를 x개, 병의 용량을 $y$ml라 할 때, y를 x에 대한 식으로 나타내시오.

 오른쪽 그림은 두 변수 x, y 사이의 관계를 나타낸 것이다. y가 8일 때, x의 값을 구하시오.

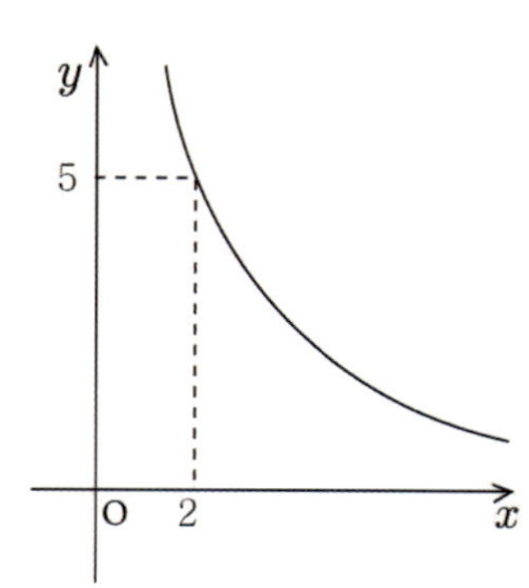

01 유리식과 그 연산

[1] 유리식의 정의

→ A, B가 다항식일 때, $\dfrac{B}{A}(A \neq 0)$꼴의 식을 **유리식**이라 한다.

(1) A가 미지수를 포함할 때 → 분수식

(2) A가 미지수를 포함하지 않을 때 → 다항식

[2] 유리식의 성질

→ 유리식은 덧셈, 곱셈에 대하여 교환법칙, 결합법칙, 분배법칙이 성립한다.

체크 식의 체계

$$\to \text{식} - \begin{cases} \text{유리식} - \begin{cases} \text{다항식} - \begin{cases} \text{단항식} \\ \text{다항식} \end{cases} \\ \text{분수식} \end{cases} \\ \text{무리식} \end{cases}$$

강의 유리수와 유리식은 서로 비교하여 이해한다!

① $\dfrac{n}{m}$꼴의 수 $(m, n : 정수,\ m \neq 0)$ → 유리수

② $\dfrac{B}{A}$꼴의 식 $(A, B : 정식,\ A \neq 0)$ → 유리식

주의 ① 유리수는 정리된 결과를 보고 판정한다.

$$\to 5 = \frac{5}{1},\ \frac{1}{\sqrt{4}} = \frac{1}{2},\ 0.25 = \frac{25}{100} = \frac{1}{4},\ 0.\dot{3} = \frac{3}{9} = \frac{1}{3} \ \to\ 유리수$$

② 유리식은 정리된 결과를 보고 판정한다.

$$\to \frac{1}{|x|} = \begin{cases} x > 0일\ 때,\ \dfrac{1}{x}\ (분수식) \\ x < 0일\ 때,\ -\dfrac{1}{x}\ (분수식) \end{cases},\ \frac{1}{\sqrt{x^2}} = \frac{1}{|x|}\ (분수식),\ \left(\sqrt{x}\right)^2 = x\,(다항식)$$

→ 유리식

③ 식의 판정은 숫자는 무시하고 문자를 기준으로 하여 판정한다.

$$\to \frac{x}{\sqrt{3}}\,(다항식),\ \frac{\sqrt{3}}{x}\,(분수식),\ \frac{3}{\sqrt{x}}\,(무리식),\ \sqrt{3x}\,(무리식)$$

다음 중 유리식이 아닌 것을 고르시오.

① $\dfrac{x+1}{x}$　　② $\dfrac{x^2+1}{\sqrt{2}}$　　③ $\dfrac{2x-1}{\sqrt{x^2}}$　　④ $\sqrt{x-4}$　　⑤ $\dfrac{1}{x^2-2x+1}$

탐구　유리식 = 다항식 + 분수식

풀이
① 분수식　∴ 유리식
② 다항식　∴ 유리식
③ $\sqrt{x^2}=|x|\ \rightarrow\ $ 분수식　∴ 유리식
④ 무리식　∴ 유리식이 아니다.
⑤ 분수식　∴ 유리식
따라서 유리식이 아닌 것은 ④이다.

정답　④

유제 01-1　다음 중 분수식인 것을 모두 고르시오.

① x^2+2x-1　　　　② $\dfrac{x+1}{3}$　　　　③ $\dfrac{2x^2+4}{x}$

④ $|x|-1$　　　　⑤ $\dfrac{1}{2x}+3$

유제 01-2　다음 중 옳은 것을 모두 고르시오.

① $\dfrac{x^2-5}{3}$ 는 분수식이다.

② $\dfrac{x^2-\sqrt{5}}{\sqrt{3}}$ 는 유리식이다.

③ 유리식은 덧셈에 대한 교환법칙, 결합법칙이 성립하지 않는다.

④ $\dfrac{B}{A}$ 꼴의 식에서 A가 0이 아닌 실수일 때, 분수식이라 한다.

⑤ 유리식은 분배법칙이 성립한다.

[1] 분수식의 기본 성질

➜ 분모, 분자에 0이 아닌 같은 다항식을 곱하거나 나누어도 그 값은 항상 같다.

(1) $\dfrac{B}{A} = \dfrac{B \times C}{A \times C}$ (단, $C \neq 0$)

(2) $\dfrac{B}{A} = \dfrac{B \div C}{A \div C}$ (단, $C \neq 0$)

[2] 분수식의 약분(기약분수화)

➜ 분수식에서 분모, 분자에 공약수가 있을 때, 분모, 분자를 최대공약수로 나누어 간단히 하는 것을 **약분**한다고 한다.

첫째, 인수분해한다.

둘째, 분모, 분자의 최대공약수로 약분한다.

[3] 분수식의 통분(공통분모화)

➜ 두 개 이상의 유리식을 분모가 같은 유리식으로 고치는 것을 **통분**한다고 하며, 통분할 때는 각 유리식의 분모의 최소공배수를 공통분모로 한다.

첫째, 인수분해한다.

둘째, 각 분모의 최소공배수로 통분한다.

강의 　분수식의 약분은 최대공약수를 이용하고, 통분은 최소공배수를 이용한다!

➜ $\left[\begin{array}{l} \text{약분} \to \text{최대공약수} \\ \text{통분} \to \text{최소공배수} \end{array}\right]$ 이용

기|본|예|제 02

$\dfrac{x^3 - 3x^2 y + 2xy^2}{2y^2 + xy - x^2}$ 을 약분하시오.

탐구　분모, 분자를 인수분해 ➜ 최대공약수로 약분

풀이　준식의 분모, 분자를 인수분해하고 최대공약수로 약분하면

$$\frac{x(x-y)(x-2y)}{(y+x)(2y-x)} = \frac{x(y-x)}{y+x}$$

정답　$\dfrac{x(y-x)}{y+x}$

$\boxed{\text{유제 } \textbf{02-1}}$ $\dfrac{2a^2b^3x^2}{4ab^2x^3}$ 을 약분하시오.

$\boxed{\text{유제 } \textbf{02-2}}$ $\dfrac{12(x^2-7x+10)}{x^3-6x^2+3x+10}$ 을 약분하시오.

기|본|예|제 03

두 유리식 $\dfrac{x-1}{(x+1)(x-2)}$, $\dfrac{x-2}{(x+1)(x-1)}$ 를 통분하시오.

탐구 분모의 최소공배수로 통분한다.

풀이 분모의 최소공배수를 구하면 $(x+1)(x-2)(x-1)$이므로 두 식을 통분하면

$$\frac{(x-1)^2}{(x+1)(x-2)(x-1)}, \quad \frac{(x-2)^2}{(x+1)(x-2)(x-1)}$$

정답 $\dfrac{(x-1)^2}{(x+1)(x-2)(x-1)}$, $\dfrac{(x-2)^2}{(x+1)(x-2)(x-1)}$

$\boxed{\text{유제 } \textbf{03-1}}$ 두 유리식 $\dfrac{a}{3b^3x^2y}$, $\dfrac{1}{2a^2bxy^2}$ 을 통분하시오.

$\boxed{\text{유제 } \textbf{03-2}}$ 두 유리식 $\dfrac{x+2}{x^3-4x^2+x+6}$, $\dfrac{x+3}{x^3-7x+6}$ 을 통분하시오.

[1] 덧셈, 뺄셈

첫째, 약분하여 기약분수식으로 고친다.

둘째, 분모가 다를 때는 통분하여 계산한다.

셋째, 계산 결과를 약분하여 기약분수식으로 고친다.

(1) $\dfrac{B}{A}+\dfrac{C}{A}=\dfrac{B+C}{A}$

(2) $\dfrac{B}{A}-\dfrac{C}{A}=\dfrac{B-C}{A}$

[2] 곱셈, 나눗셈

첫째, 분모, 분자를 인수분해한다.

둘째, 나눗셈일 때는 역수를 취하여 곱셈으로 고쳐 계산한다.

셋째, 계산 결과를 약분하여 기약분수식으로 고친다.

(1) $\dfrac{B}{A}\times\dfrac{D}{C}=\dfrac{BD}{AC}$

(2) $\dfrac{B}{A}\div\dfrac{D}{C}=\dfrac{B}{A}\times\dfrac{C}{D}=\dfrac{BC}{AD}$

강의 **분수식의 덧셈과 뺄셈은 통분하여 분모를 같게 만든다!**

→ 통분하여 계산한 후 약분한다!

→ $\dfrac{B}{A}\pm\dfrac{C}{A}=\dfrac{B\pm C}{A}$

기 | 본 | 예 | 제 04

$\dfrac{x-y}{x+y}+\dfrac{2xy}{x^2-y^2}$ 를 계산하시오.

탐구 $\dfrac{B}{A}+\dfrac{C}{A}=\dfrac{B+C}{A}$

풀이

$$(준식)=\dfrac{(x-y)^2}{(x+y)(x-y)}+\dfrac{2xy}{x^2-y^2}$$

$$=\dfrac{x^2-2xy+y^2+2xy}{x^2-y^2}$$

$$=\dfrac{x^2+y^2}{x^2-y^2}$$

정답 $\dfrac{x^2+y^2}{x^2-y^2}$

유제 04-1 $\dfrac{x}{x^2+y^2}-\dfrac{y(x-y)^2}{x^4-y^4}$ 을 계산하시오.

유제 04-2 $\dfrac{x^2+x-1}{x+1}-\dfrac{x^2-x+2}{x-1}$ 를 계산하시오.

기｜본｜예｜제 05

등식 $\dfrac{3x}{x^3+1}=\dfrac{a}{x+1}+\dfrac{bx+c}{x^2-x+1}$ 가 $x\neq-1$인 모든 실수에 대하여 성립할 때, 상수 $a,\ b,\ c$의 값을 구하시오.

탐구 우변을 통분하여 분모를 같게 한 후 분자를 비교한다.

풀이
$$(\text{우변})=\dfrac{a(x^2-x+1)+(x+1)(bx+c)}{(x+1)(x^2-x+1)}$$
$$=\dfrac{ax^2-ax+a+bx^2+cx+bx+c}{x^3+1}$$
$$=\dfrac{(a+b)x^2+(-a+b+c)x+a+c}{x^3+1}$$

좌변과 우변의 분자가 같으므로 계수를 비교하면
$$a+b=0 \quad \cdots ①$$
$$-a+b+c=3 \quad \cdots ②$$
$$a+c=0 \quad \cdots ③$$
①, ②, ③을 연립하여 $a,\ b,\ c$의 값을 구하면
$$a=-1,\ b=1,\ c=1$$

정답 $a=-1,\ b=1,\ c=1$

유제 05-1 등식 $\dfrac{a}{x+2}+\dfrac{b}{x-3}=\dfrac{x-8}{x^2-x-6}$ 이 $x\neq-2,\ x\neq3$인 모든 실수에 대하여 성립할 때, 상수 $a,\ b$의 값을 구하시오.

유제 05-2 분모를 0이 되지 않게 하는 모든 실수 x에 대하여
$$\dfrac{a}{x-2}+\dfrac{b}{x+2}+\dfrac{c}{x}=\dfrac{2(x^2-x+2)}{x^3-4x}$$
가 성립할 때, 상수 $a,\ b,\ c$의 값을 구하시오.

기|본|예|제 06

다음을 간단히 하시오.

(1) $\dfrac{1}{(a-b)(a-c)}+\dfrac{1}{(b-a)(b-c)}+\dfrac{1}{(c-a)(c-b)}$

(2) $\dfrac{1}{x-a}-\dfrac{1}{x+a}-\dfrac{2a}{x^2+a^2}-\dfrac{4a^3}{x^4+a^4}$

탐구 ① 순환하는 경우 → 전체통분   ② +, − 의 경우 → 켤레통분

풀이 (1) 전체를 통분하면

$$(준식)=-\frac{1}{(a-b)(c-a)}-\frac{1}{(a-b)(b-c)}-\frac{1}{(c-a)(b-c)}$$
$$=\frac{-(b-c)-(c-a)-(a-b)}{(a-b)(b-c)(c-a)}=0$$

(2) 차례로 짝을 지어 통분하면

$$(준식)=\frac{2a}{x^2-a^2}-\frac{2a}{x^2+a^2}-\frac{4a^3}{x^4+a^4}$$
$$=\frac{4a^3}{x^4-a^4}-\frac{4a^3}{x^4+a^4}=\frac{8a^7}{x^8-a^8}$$

정답 (1) 0 (2) $\dfrac{8a^7}{x^8-a^8}$

유제 06-1 $\dfrac{1}{x-2}-\dfrac{1}{x+2}-\dfrac{4}{x^2+4}$ 를 간단히 하시오.

유제 06-2 $\dfrac{a}{(a+b)(c+a)}+\dfrac{b}{(a+b)(b+c)}+\dfrac{c}{(c+a)(b+c)}$ 를 간단히 하시오.

① 곱셈 : 인수분해하여 약분한다!

② 나눗셈 : 역수로 바꾸어 곱셈으로 고쳐 계산한다!

$$\rightarrow \frac{B}{A} \div \frac{D}{C} = \frac{B}{A} \times \frac{C}{D} = \frac{BC}{AD}$$

기 | 본 | 예 | 제 07

$$\frac{x^2+5x+6}{x^2-4} \times \frac{6x^2-11x-2}{x^2+2x-3}$$ 를 계산하시오.

탐구
$$\frac{B}{A} \times \frac{D}{C} = \frac{BD}{AC}$$

풀이
$$(준식) = \frac{(x+2)(x+3)}{(x-2)(x+2)} \times \frac{(x-2)(6x+1)}{(x+3)(x-1)}$$

$$= \frac{6x+1}{x-1}$$

정답
$$\frac{6x+1}{x-1}$$

유제 07-1
$$\frac{x^2-2x-3}{x^2-4} \div \frac{x^2-4x+3}{x^2+4x+4}$$ 을 계산하시오.

유제 07-2
$$\frac{x^3-3x^2}{2x^2+3x} \times \frac{x^2-4}{x^2-5x+6} \div \frac{2x^2+5x+2}{2x+1}$$ 를 계산하시오.

[1] 나눗셈을 이용하는 방법

$$(1)\ \frac{\dfrac{D}{C}}{\dfrac{B}{A}} = \frac{D}{C} \div \frac{B}{A} = \frac{D}{C} \times \frac{A}{B} = \frac{AD}{BC}$$

$$(2)\ \frac{C}{\dfrac{B}{A}} = C \div \frac{B}{A} = C \times \frac{A}{B} = \frac{AC}{B}$$

$$(3)\ \frac{\dfrac{C}{B}}{A} = \frac{C}{B} \div A = \frac{C}{B} \times \frac{1}{A} = \frac{C}{AB}$$

[2] 중중분모, 상하분자의 법칙을 이용하는 방법

$$(1)\ \frac{\dfrac{D}{C}}{\dfrac{B}{A}} = \frac{AD}{BC} \qquad (2)\ \frac{C}{\dfrac{B}{A}} = \frac{\dfrac{C}{1}}{\dfrac{B}{A}} = \frac{AC}{B} \qquad (3)\ \frac{\dfrac{C}{B}}{A} = \frac{\dfrac{C}{B}}{\dfrac{A}{1}} = \frac{C}{AB}$$

[3] 분모, 분자에 0이 아닌 같은 다항식을 곱하는 방법

$$(1)\ \frac{\dfrac{D}{C}}{\dfrac{B}{A}} = \frac{\dfrac{D}{C} \times AC}{\dfrac{B}{A} \times AC} = \frac{AD}{BC} \qquad (2)\ \frac{C}{\dfrac{B}{A}} = \frac{C \times A}{\dfrac{B}{A} \times A} = \frac{AC}{B} \qquad (3)\ \frac{\dfrac{C}{B}}{A} = \frac{\dfrac{C}{B} \times B}{A \times B} = \frac{C}{AB}$$

강의 번분수식의 계산문제는 중중분모, 상하분자의 법칙을 이용하면 편리하다!

$$T1)\ \frac{\dfrac{D}{C}}{\dfrac{B}{A}}\ 꼴 \rightarrow 분모들의\ 최소공배수를\ 곱한다.$$

$$T2)\ \frac{C}{\dfrac{B}{A}}\ 꼴 \rightarrow 분모의\ 분모를\ 곱한다.$$

주의 중중분모, 상하분자의 법칙을 이용하면 편리하다. $\dfrac{\dfrac{상}{중}}{\dfrac{중}{하}} = \dfrac{상하}{중중}$

다음을 간단히 하시오.

$$\dfrac{\dfrac{1}{x}+\dfrac{1}{y}}{\dfrac{1}{x}-\dfrac{1}{y}}$$

탐구 분모들의 최소공배수 xy를 곱한다.

풀이 분자와 분모에 분모들의 최소공배수인 xy를 곱하고 정리하면

$$(\text{준식})=\dfrac{\dfrac{1}{x}\times xy+\dfrac{1}{y}\times xy}{\dfrac{1}{x}\times xy-\dfrac{1}{y}\times xy}=\dfrac{y+x}{y-x}$$

✔ 정답 $\dfrac{y+x}{y-x}$

유제 08-1 다음을 간단히 하시오.

$$\dfrac{\dfrac{a}{b}-\dfrac{b^2}{a^2}}{\dfrac{1}{b}-\dfrac{1}{a}}$$

유제 08-2 다음을 간단히 하시오.

$$\dfrac{1}{1-\dfrac{1}{1-\dfrac{1}{a}}}\times\dfrac{1}{1-\dfrac{1}{1+\dfrac{1}{a}}}$$

유제 08-3 다음을 간단히 하시오.

$$1+\dfrac{1}{1+\dfrac{1}{1+\dfrac{1}{1+\dfrac{1}{x}}}}$$

5 분수식의 이항분리(부분분수화)

→ 분모가 두 개 이상의 인수의 곱으로 되어 있을 때는 이항분리한다.

(1) $\dfrac{k}{AB} = \dfrac{k}{B-A}\left(\dfrac{1}{A} - \dfrac{1}{B}\right)$

(2) $\dfrac{k}{ABC} = \dfrac{k}{C-A}\left(\dfrac{1}{AB} - \dfrac{1}{BC}\right)$

강의 분수식의 분모가 곱의 꼴일 때는 다음 공식을 이용하여 이항분리한다!

→ 분모 : ( )( )의 꼴

① $\dfrac{k}{AB} = \dfrac{k}{B-A}\left(\dfrac{1}{A} - \dfrac{1}{B}\right)$ ② $\dfrac{k}{ABC} = \dfrac{k}{C-A}\left(\dfrac{1}{AB} - \dfrac{1}{BC}\right)$

기 | 본 | 예 | 제 09

이항분리를 이용하여 $\dfrac{1}{1\times 3} + \dfrac{1}{2\times 4} + \dfrac{1}{3\times 5} + \dfrac{1}{4\times 6} + \dfrac{1}{5\times 7}$ 을 계산하시오.

탐구 $\dfrac{k}{ab} = \dfrac{k}{b-a}\left(\dfrac{1}{a} - \dfrac{1}{b}\right)$ 을 이용하여 식을 정리한다.

풀이

$$(준식) = \frac{1}{2}\left(\frac{1}{1} - \frac{1}{3} + \frac{1}{2} - \frac{1}{4} + \frac{1}{3} - \frac{1}{5} + \frac{1}{4} - \frac{1}{6} + \frac{1}{5} - \frac{1}{7}\right)$$

$$= \frac{1}{2}\left(1 + \frac{1}{2} - \frac{1}{6} - \frac{1}{7}\right) = \frac{1}{2}\left(\frac{3}{2} - \frac{1}{6} - \frac{1}{7}\right)$$

$$= \frac{1}{2}\left(\frac{4}{3} - \frac{1}{7}\right) = \frac{1}{2} \times \frac{25}{21} = \frac{25}{42}$$

정답 $\dfrac{25}{42}$

유제 09-1 이항분리를 이용하여 $\dfrac{1}{3\times 4} + \dfrac{1}{4\times 5} + \dfrac{1}{5\times 6} + \dfrac{1}{6\times 7}$ 을 계산하시오.

유제 09-2 이항분리를 이용하여 $\dfrac{1}{15} + \dfrac{1}{35} + \dfrac{1}{63} + \dfrac{1}{99} + \dfrac{1}{143}$ 을 계산하시오.

다음 식을 간단히 하시오.

$$\frac{1}{x(x+1)}+\frac{1}{(x+1)(x+2)}+\frac{1}{(x+2)(x+3)}+\frac{1}{(x+3)(x+4)}$$

탐구 $\dfrac{k}{AB}=\dfrac{k}{B-A}\left(\dfrac{1}{A}-\dfrac{1}{B}\right)$ 을 이용하여 식을 정리한다.

풀이
$$(준식) = \frac{1}{x}-\frac{1}{x+1}+\frac{1}{x+1}-\frac{1}{x+2}+\frac{1}{x+2}-\frac{1}{x+3}+\frac{1}{x+3}-\frac{1}{x+4}$$

$$= \frac{1}{x}-\frac{1}{x+4}$$

$$= \frac{x+4-x}{x(x+4)}$$

$$= \frac{4}{x(x+4)}$$

정답 $\dfrac{4}{x(x+4)}$

유제 10-1 $\dfrac{1}{x(x+2)}+\dfrac{1}{(x+2)(x+4)}+\dfrac{1}{(x+4)(x+6)}+\dfrac{1}{(x+6)(x+8)}$ 을 간단히 하시오.

유제 10-2 $\dfrac{1}{x^2-x}+\dfrac{3}{x^2-5x+4}+\dfrac{5}{x^2-13x+36}+\dfrac{7}{x^2-25x+144}$ 을 간단히 하시오.

유제 10-3 $\dfrac{1}{x(x+2)}+\dfrac{1}{(x+1)(x+3)}+\dfrac{1}{(x+2)(x+4)}+\dfrac{1}{(x+3)(x+5)}$ 을 간단히 하시오.

→ (분자의 차수) ≥ (분모의 차수)일 때는 분자의 차수를 낮춘다.

→ 다항식 $A = BQ + R$일 때, 양변을 다항식 B로 나누면

$$\frac{A}{B} = Q + \frac{R}{B}$$

강의 분자의 차수가 분모의 차수보다 높거나 같을 때 아래 방법으로 저차화한다!

→ (분자의 차수) ≥ (분모의 차수) → 분자의 저차화

→ $\dfrac{A}{B} = Q + \dfrac{R}{B}$ (몫: Q, 나머지: R)

보기 분자의 저차화

$$\frac{2x+5}{x-3} = \frac{2(x-3)+11}{x-3} = 2 + \frac{11}{x-3}$$

→ 분모와 똑같이 써놓고 두드려 맞춘다. 망치로!

기|본|예|제 11

$\dfrac{x^2+x+3}{x+1} - \dfrac{x^2+2x+3}{x+2}$ 을 간단히 하시오.

탐구 (분자의 차수) ≥ (분모의 차수) → 분자의 저차화

풀이 $(준식) = \dfrac{x(x+1)+3}{x+1} - \dfrac{x(x+2)+3}{x+2} = x + \dfrac{3}{x+1} - \left(x + \dfrac{3}{x+2}\right)$

$= \dfrac{3}{x+1} - \dfrac{3}{x+2} = \dfrac{3x+6-3x-3}{(x+1)(x+2)} = \dfrac{3}{(x+1)(x+2)}$

정답 $\dfrac{3}{(x+1)(x+2)}$

유제 11-1 $\dfrac{x+1}{x} - \dfrac{x+7}{x+6}$ 을 간단히 하시오.

유제 11-2 $\dfrac{x^3-x^2-4x+1}{x^2-3x+2} - \dfrac{x^2+1}{x-1} - \dfrac{x-2}{x}$ 를 간단히 하시오.

[1] 문자의 개수가 두 개 이상인 경우
→ 조건식을 이용하여 문자의 개수를 줄인다.

[2] 역수 관계식인 경우
→ 조건식을 포함한 식으로 변형시킨다.

[3] 무한히 반복되는 식인 경우
→ 결과를 x로 놓아 계산한다.

강의 식의 값은 조건식을 이용하거나 동차식인 경우로 나누어 해결한다!

① 조건식 이용 → 문자의 개수를 줄인다.

② 同차식인 경우 → 비값을 대입한다.

주의 마지막 카드 → 수값을 대입한다.

同(같을 동)

기|본|예|제 **12**

$xyz = 1$일 때, 다음 식의 값을 구하시오.

$$\frac{x}{xy+x+1} + \frac{y}{yz+y+1} + \frac{z}{zx+z+1}$$

탐구 문자가 두 개 이상 → 조건식 이용 → 문자 개수 줄이기

풀이 $xyz = 1 \rightarrow x = \dfrac{1}{yz}$ ⋯ ①

①을 준식에 대입하여 문자의 개수를 줄이면

$$(준식) = \frac{\dfrac{1}{yz}}{\dfrac{1}{yz} \times y + \dfrac{1}{yz} + 1} + \frac{y}{yz+y+1} + \frac{z}{z \times \dfrac{1}{yz} + z + 1}$$

$$= \frac{\dfrac{1}{yz}}{\dfrac{1}{z} + \dfrac{1}{yz} + 1} + \frac{y}{yz+y+1} + \frac{z}{\dfrac{1}{y} + z + 1}$$

$$= \frac{1}{y+1+yz} + \frac{y}{yz+y+1} + \frac{yz}{1+yz+y}$$

$$= \frac{1+y+yz}{yz+y+1} = 1$$

정답 1

유제 12-1 $x + \dfrac{1}{y} = 1$, $y + \dfrac{1}{z} = 1$일 때, $xy + \dfrac{1}{z}$의 값을 구하시오.

유제 12-2 $x + \dfrac{1}{y} = y + \dfrac{1}{2z} = 1$일 때, $\dfrac{1}{xyz}$의 값을 구하시오.

강의 고차식 문제(I)은 $x^3 = 1$, $x^3 = -1$을 이용하여 저차화한다!

① $(x-1)(x^2+x+1)=0$ $\qquad$ $x^3-1=0$ $\qquad$ $\therefore x^3 = 1$

② $(x+1)(x^2-x+1)=0$ $\qquad$ $x^3+1=0$ $\qquad$ $\therefore x^3 = -1$

기 | 본 | 예 | 제 13

$x^2 - x + 1 = 0$일 때, $x^{125} + \dfrac{1}{x^{125}}$의 값을 구하시오.

탐구 $x^2 - x + 1 = 0 \;\rightarrow\; (x+1)(x^2-x+1)=0 \;\rightarrow\; x^3+1=0$ 이용

풀이 $x^2 - x + 1 = 0$의 양변에 $x+1$을 곱하여 정리하면

$$(x+1)(x^2-x+1)=0 \qquad x^3+1=0 \qquad \therefore x^3 = -1$$

$x^3 = -1$을 이용하여 저차화를 하면

$$x^{125} + \dfrac{1}{x^{125}} = \left(x^3\right)^{41} \times x^2 + \dfrac{1}{\left(x^3\right)^{41} \times x^2} = -x^2 - \dfrac{1}{x^2} \;\cdots①$$

$x^2 - x + 1 = 0$의 양변을 x로 나누면

$$x - 1 + \dfrac{1}{x} = 0 \;\rightarrow\; x + \dfrac{1}{x} = 1 \;\cdots②$$

②를 이용하여 ①의 값을 계산하면

$$① = -\left(x^2 + \dfrac{1}{x^2}\right) = -\left\{\left(x + \dfrac{1}{x}\right)^2 - 2\right\} = -(1-2) = 1$$

정답 1

유제 13-1 $x - \dfrac{1}{x} = \sqrt{3}$일 때, $x^3 + \dfrac{1}{x^3}$의 값을 구하시오.

유제 13-2 $x^2 + x + 1 = 0$일 때, 다음 분수식의 값을 구하시오.

(1) $x^2 + \dfrac{1}{x^2}$ $\qquad\qquad$ (2) $x^5 + \dfrac{1}{x^5}$ $\qquad\qquad$ (3) $x^{100} + \dfrac{1}{x^{100}}$

기 | 본 | 예 | 제 14

다음 식의 값을 구하시오.

$$2 - \cfrac{1}{2 - \cfrac{1}{2 - \cdots}}$$

탐구 (무한히 반복되는 유리식)$= x$로 놓아라.

풀이

$$2 - \cfrac{\boxed{1}}{\boxed{2 - \cfrac{1}{2 - \cdots}}} = x$$

주어진 식의 값을 x라 하면 □안의 식의 값도 x이므로

$$x = 2 - \frac{1}{x} \qquad x^2 = 2x - 1 \qquad x^2 - 2x + 1 = 0$$

$$(x-1)^2 = 0 \qquad \therefore \ x = 1$$

따라서 주어진 식의 값은 1이다.

정답 1

유제 14-1 다음 식의 값을 구하시오.

$$-2 - \cfrac{1}{-2 - \cfrac{1}{-2 - \cdots}}$$

유제 14-2 다음 식의 값을 구하시오.

$$2 + \cfrac{3}{2 + \cfrac{3}{2 + \cdots}}$$

비례식과 그 연산

1 비례식의 정의

→ 비의 값이 같은 2개의 비 $a:b$ 와 $c:d$ 를 등호로 연결한 식을 **비례식**이라 한다.

→ $a:b=c:d$

→ $\dfrac{a}{b}=\dfrac{c}{d}, \quad \dfrac{a}{c}=\dfrac{b}{d}$

→ $ad=bc$

체크 $a:b:c=x:y:z$

→ $a:x=b:y=c:z$

→ $\dfrac{a}{x}=\dfrac{b}{y}=\dfrac{c}{z}$

체크 방정식과 비례식

$$3元 \rightarrow 3式 \rightarrow 근 \rightarrow 방정식$$
$$3元 \rightarrow 2式 \rightarrow 비 \rightarrow 비례식$$

$\left.\right\}$ 해법 同

기 | 본 | 예 | 제 **15**

다음 두 식을 이용하여 $x:y:z$의 값을 구하시오.

$$x-3y+z=0 \cdots ① \qquad 2x+y-z=0 \cdots ②$$

탐구 3원 > 2식(동차식) → 비례식

풀이
①+② ; $3x-2y=0 \qquad 3x=2y \qquad \therefore x:y=2:3$

$2\times①-②$; $-7y+3z=0 \qquad 7y=3z \qquad \therefore y:z=3:7$

$$
\begin{aligned}
x:y \quad &=2:3 \\
y:z &= \quad 3:7 \\
\hline
x:y:z &= 2:3:7
\end{aligned}
$$

정답 $2:3:7$

유제 15-1 다음 두 식을 이용하여 $x:y:z$의 값을 구하시오.

$$x+y-z=0 \qquad 5x-5y+z=0$$

유제 15-2 삼각형의 세 변 a, b, c 사이에 다음 등식이 성립할 때, 이 삼각형의 모양을 말하시오.

$$a+b-3c=0 \qquad (a+c)^2-3b(a+c)+2b^2=0$$

[1] 비례식의 성질

→ $a:b=c:d$, 즉 $\dfrac{a}{b}=\dfrac{c}{d}$ 일 때, $ad=bc$

[2] 가비의 리 (加比의 理)

→ $\dfrac{a}{b}=\dfrac{c}{d}=\dfrac{e}{f}=\dfrac{a+c+e}{b+d+f}$ (단, $b+d+f\neq0$)

강의 加比의 리는 분모끼리, 분자끼리 더한다는 의미이다!

① 분모(+) $\neq$ 0

② 분모(+) $=$ 0　⎤ 경우 분리

加(더할 가)

기 | 본 | 예 | 제 16

$\dfrac{b+2c}{3a}=\dfrac{2c+3a}{b}=\dfrac{3a+b}{2c}=k$ 를 만족하는 모든 k의 값을 구하시오.

탐구　$\dfrac{a}{b}=\dfrac{c}{d}=\dfrac{e}{f}=k$, 분모의 합이 0일 때와 0이 아닐 때로 분리하여 푼다.

풀이　$\dfrac{b+2c}{3a}=\dfrac{2c+3a}{b}=\dfrac{3a+b}{2c}=k$ 에서　$\dfrac{6a+2b+4c}{3a+b+2c}=k$ ···①

i) $3a+b+2c=0$ 일 때, $b+2c=-3a$ 이므로

$$(준식)=\dfrac{-3a}{3a}=-1=k$$

ii) $3a+b+2c\neq0$ 일 때, 가비의 리에 의해

$$①=\dfrac{2(3a+b+2c)}{3a+b+2c}=2=k$$

따라서 모든 k의 값의 합은 $-1+2=1$ 이다.

정답　1

유제 16-1　$\dfrac{2b+5c}{5a+3b}=\dfrac{2c+5a}{5b+3c}=\dfrac{2a+5b}{5c+3a}=k$ 를 만족하는 모든 k의 값의 곱을 구하시오.

유제 16-2　$\dfrac{x-2y}{2}=\dfrac{5x-z}{3}=\dfrac{2z}{3}=\dfrac{13x-6y-8z}{c}$ 가 성립할 때, 상수 c를 구하시오.

3 비례식의 값을 구하는 문제

[1] 동차분수식인 경우

➜ 조건식에서 비를 구하여 주어진 식에 대입한다.

[2] 등호가 두 개 이상 연결된 경우

➜ 비례식을 상수 k로 놓아 계산한다.

강의 **同차식 문제는 조건식에서 비를 구하여 식에 대입한다!**

➜ (조건) 同차식 → 비를 구하여 대입 → (구하는) 同차식 → 답

주의 비례식의 만능약

➜ =가 2개 이상 연결된 同차식 = k (만능약)

同(같을 동)

기|본|예|제 17

$3x = 2y \neq 0$일 때, $\dfrac{3x^2 + 2xy}{x^2 + xy}$ 의 값을 구하시오.

탐구 동차식 문제 → 비 대입 → 식의 값

풀이 $3x = 2y$를 비례식으로 나타내면 $x : y = 2 : 3$

준식에 $x = 2$, $y = 3$을 대입하여 계산하면

$$(준식) = \frac{3 \times 2^2 + 2 \times 2 \times 3}{2^2 + 2 \times 3} = \frac{12 + 12}{4 + 6} = \frac{24}{10} = \frac{12}{5}$$

정답 $\dfrac{12}{5}$

유제 17-1 x, y사이에 등식 $\dfrac{x^2 + 5xy - 4y^2}{x^2 + xy - y^2} = 2$가 성립할 때, $\dfrac{x^2 + y^2}{xy + 2y^2}$의 값을 구하시오.

유제 17-2 $(x+y) : (y+z) : (z+x) = 6 : 4 : 3$ (단, $xyz \neq 0$)일 때, $\dfrac{4x + 5z}{2y + 3z}$의 값을 구하시오.

→ $a:b=b:c$, 즉 $b^2=ac$에서 b를 a와 c의 **비례중항**이라 한다.

강의 비례식에서 내항이 같을 때, 내항을 비례중항이라 한다!

→ $a:b=b:c \rightarrow b^2=ac$

기|본|예|제 **18**

a가 2와 8의 비례중항일 때, 다음 중 옳은 것을 모두 고르시오.

① $\dfrac{2}{a}=\dfrac{a}{8}$ 　　　　② $a=2+8$ 　　　　③ $a^2=2\times 8$

④ $\dfrac{a}{2}=8$ 　　　　⑤ $\dfrac{2}{a}=8$

탐구 　$a:b=b:c \rightarrow b^2=ac \rightarrow b:$ 비례중항

풀이 　a가 2와 8의 비례중항이면

　　③ $a^2=2\times 8$

　$2:a=a:8$ 이므로 등식으로 나타내면

　　① $\dfrac{2}{a}=\dfrac{a}{8}$

　따라서 옳은 것은 ①, ③이다.

정답 　①, ③

유제 18-1 　x가 3과 9의 비례중항일 때, 양수 x의 값을 구하시오.

유제 18-2 　b가 a와 c의 비례중항일 때, $a^2+b^2+c^2=(a-b+c)(a+b+c)$임을 증명하시오.

유리함수

1 유리함수

[1] 유리함수

→ 함수 $y=f(x)$에서 $f(x)$가 x에 관한 유리식일 때,
이 함수를 **유리함수**라 한다. 특히 $f(x)$가 x에 대한
다항식일 때, 이 함수를 **다항함수**라 한다. 유리함수
중에서 다항함수가 아닌 유리함수를 **분수함수**라 한다.

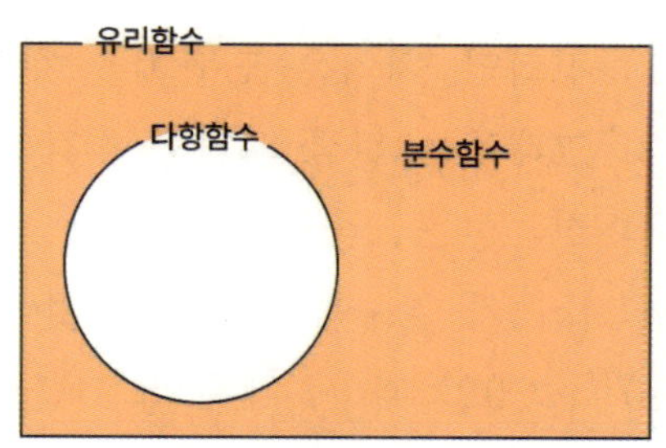

[2] 유리함수의 정의역

→ 분모가 0이 되지 않도록 하는 실수 전체의 집합을 정의역으로 생각한다.

강의 유리함수는 다항함수와 분수함수를 통틀어 이르는 말이다!

→ $\left[\begin{array}{l} x\text{에 대한 다항식}(\bigcirc) \ \to \ \text{다항함수} \\ x\text{에 대한 다항식}(\times) \ \to \ \text{분수함수} \end{array}\right.$

기 | 본 | 예 | 제 19

다음 함수가 유리함수임을 설명하시오.

(1) $y = x^2 - 2|x| + 3$

(2) $y = \dfrac{3x-1}{\sqrt{x^2+2}}$

탐구 $\sqrt{x^2}=|x|$이므로 $|x|$, $\sqrt{x^2}$ 이 있어도 유리함수의 판정에 영향을 주지 않는다.

풀이
(1) $y = x^2 - 2|x| + 3 \ \to \ y = |x|^2 - 2|x| + 3$ → 다항함수 ∴ 유리함수

(2) $y = \dfrac{3x-1}{\sqrt{x^2+2}} \ \to \ y = \dfrac{3x-1}{|x|+2}$ → 분수함수 ∴ 유리함수

정답 풀이참조

유제 19-1 다음 중 유리함수가 아닌 것을 고르시오.

① $y = 2x - 1$ ② $y = \dfrac{1}{x} + 2$ ③ $y = \sqrt{x} + 3$ ④ $y = \dfrac{2}{x^2} - 3$ ⑤ $y = \dfrac{1}{3}|x|$

유제 19-2 다음 중 유리함수가 아닌 것을 모두 고르시오.

① $y = \sqrt{x^2}$ ② $y = \sqrt{x^3}$ ③ $y = \sqrt{x^4}$ ④ $y = \dfrac{1}{|x|}$ ⑤ $|y| = \dfrac{1}{x}$

[1] $y = \dfrac{a}{x}\,(a \neq 0)$의 **그래프**

  (1) 정의역, 치역은 모두 0을 제외한 실수의 집합이다.

  (2) 그래프는 원점 대칭인 직각 쌍곡선이다. → 기함수

  (3) 점근선은 x축과 y축이다.

  (4) $|a|$ 가 클수록 원점에서 멀어진다.

  (5) $a > 0$일 때 → 제 1, 3 사분면의 그래프이다.

      $a < 0$일 때 → 제 2, 4 사분면의 그래프이다.

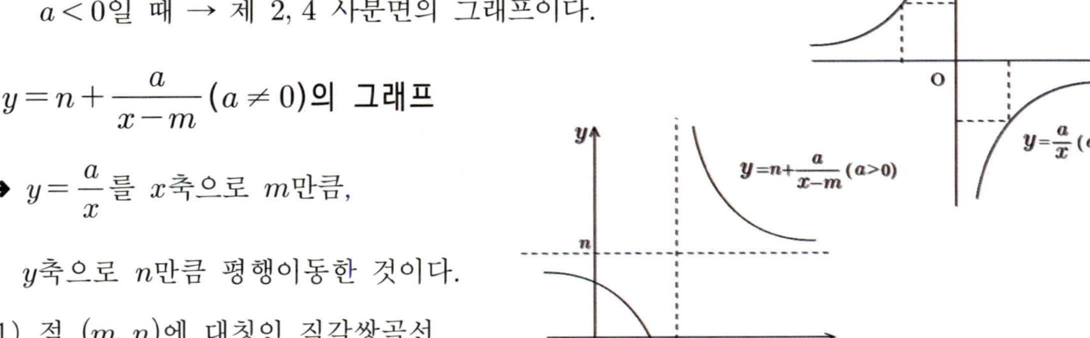

[2] $y = n + \dfrac{a}{x - m}\,(a \neq 0)$의 **그래프**

  ➜ $y = \dfrac{a}{x}$를 x축으로 m만큼,

    y축으로 n만큼 평행이동한 것이다.

  (1) 점 (m, n)에 대칭인 직각쌍곡선

  (2) 점근선 : $x = m,\ y = n$

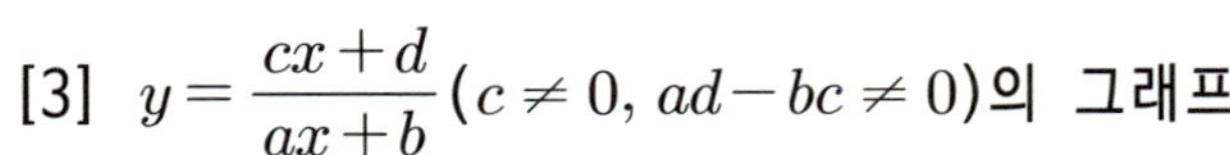

[3] $y = \dfrac{cx + d}{ax + b}\,(c \neq 0,\ ad - bc \neq 0)$의 **그래프**

  ➜ $y = q + \dfrac{r}{ax + b}$ 꼴로 변형한다.

  (1) 점 $\left(-\dfrac{b}{a},\ q\right)$에 대칭인 직각쌍곡선

  (2) 점근선 : $x = -\dfrac{b}{a},\ y = q$

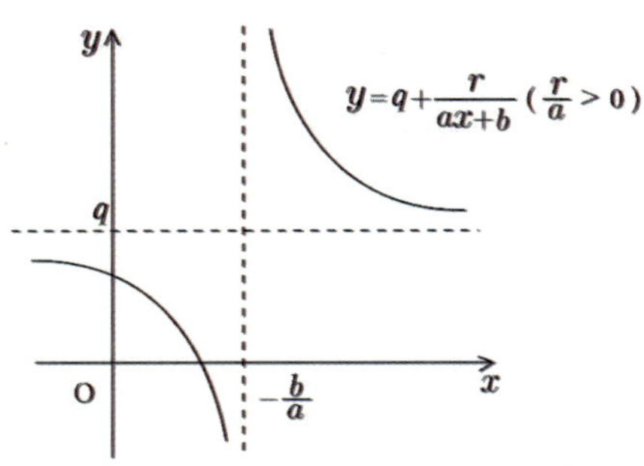

체크 $y = \dfrac{a}{x^2}\,(a \neq 0)$의 **그래프**

  ① y축 대칭 → 우함수

  ② 점근선 : x축, y축

  ③ $|a|$가 클수록 원점에서 멀어진다.

  ④ ⅰ) $a > 0$일 때   ⅱ) $a < 0$일 때

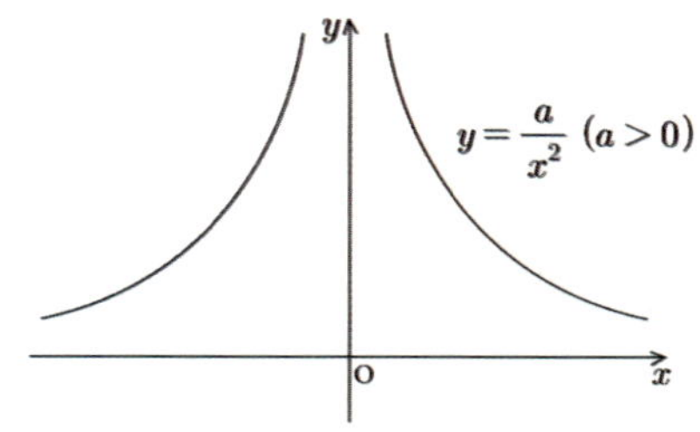

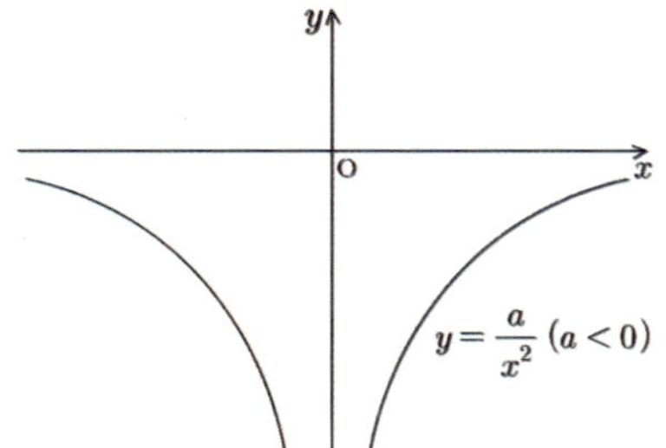

 유리함수의 그래프의 생명은 점근선이다!

(1) 기본형 $y = \dfrac{a}{x}$의 그래프

    → 점근선 $x=0$, $y=0$ → 정의역 $x \neq 0$, 치역 $y \neq 0$

(2) 이동형 $y = \dfrac{a}{x-m} + n$의 그래프

    → 점근선 $x=m$, $y=n$ → 정의역 $x \neq m$, 치역 $y \neq n$

(3) 일반형 $y = \dfrac{cx+d}{ax+b}$의 그래프

    → 점근선 $x = -\dfrac{b}{a}$, $y = \dfrac{c}{a}$ → 정의역 $x \neq -\dfrac{b}{a}$, 치역 $y \neq \dfrac{c}{a}$

주의 분수함수의 그래프 그리는 법에서 분수함수의 생명은 점근선이다!

    ① 점근선   ② 사분면   ③ 절편   → 그래프

주의 분수함수의 정의역과 치역

    ① 범위 없을 때 → 점근선 이용

    ② 범위 있을 때 → graph 이용

기|본|예|제 20

유리함수 $y = \dfrac{1}{x+1} - 1$의 정의역, 치역, 점근선의 방정식을 구하고 그래프를 그리시오.

탐구
① 분수함수의 그래프 그리는 법 → ⅰ) 점근선   ⅱ) 사분면   ⅲ) 절편
② 분수함수의 정의역과 치역 → 점근선 이용

풀이
$y = \dfrac{1}{x+1} - 1$에서

ⅰ) 정의역 : $\{x \,|\, x \neq -1$인 모든 실수$\}$

ⅱ) 치역 : $\{y \,|\, y \neq -1$인 모든 실수$\}$

ⅲ) 점근선 : $x = -1$, $y = -1$

    x절편 : $y = 0 \rightarrow x = 0$

    y절편 : $x = 0 \rightarrow y = 0$

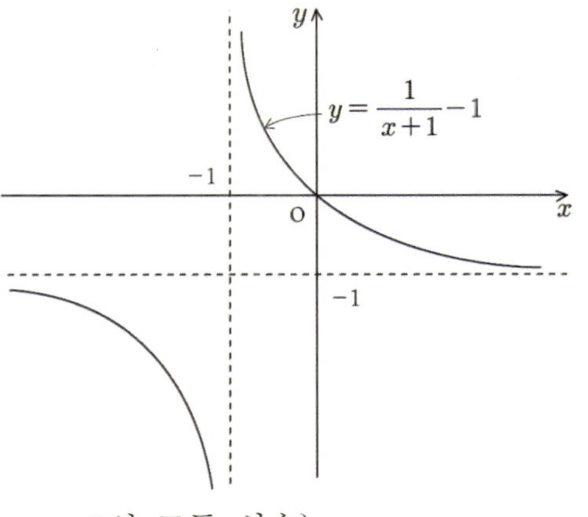

x절편, y절편, 점근선을 이용하여 그래프를
그리면 오른쪽 그림과 같다.

정답 정의역 : $\{x \,|\, x \neq -1$인 모든 실수$\}$, 치역 : $\{y \,|\, y \neq -1$인 모든 실수$\}$

    점근선 : $x = -1$, $y = -1$, 그래프 : 풀이참조

유제 20-1 함수 $y = \dfrac{x+2}{2x-2}$ 의 정의역, 치역, 점근선의 방정식을 구하고 그래프를 그리시오.

유제 20-2 두 함수 $y = \dfrac{-x+3}{x+2}$, $y = \dfrac{2x-2}{x-2}$ 의 그래프의 점근선으로 둘러싸인 부분의 넓이를 구하시오.

강의 $y = \dfrac{cx+d}{ax+b}$ 의 분자의 저차화는 식을 변형하여 분자를 상수로 만드는 것이다!

→ $y = \dfrac{cx+d}{ax+b} \rightarrow y = \dfrac{c}{a} + \dfrac{k}{ax+b}$ 꼴로 변형한다.

→ 점근선 $x = -\dfrac{b}{a}$, $y = \dfrac{c}{a}$

주의 식 변형 방법은 분모, 분자를 똑같이 만들고 망치로 두드려 분자를 맞춘 후 나눈다.

기|본|예|제 21

$y = -\dfrac{1}{x}$ 의 그래프를 x축의 방향으로 a만큼, y축의 방향으로 b만큼 평행이동시키면 $y = \dfrac{3x-7}{x-2}$ 의 그래프와 겹친다고 할 때, 상수 a, b의 값을 구하시오.

탐구 $y = \dfrac{ax+b}{cx+d}$ 의 그래프 $\rightarrow$ $y = n + \dfrac{k}{x-m}$ 의 꼴로 고친다.

풀이 $y = \dfrac{3x-7}{x-2} = \dfrac{3(x-2)-1}{x-2}$

$\qquad = 3 + \dfrac{-1}{x-2}$

따라서 $y = \dfrac{3x-7}{x-2}$ 의 그래프는 $y = -\dfrac{1}{x}$ 의 그래프를 x축의 방향으로 2만큼, y축의 방향으로 3만큼 평행이동한 것이다.

$\qquad \therefore a = 2,\ b = 3$

정답 $a = 2,\ b = 3$

$y = -\dfrac{1}{x}$ 의 그래프를 x축의 방향으로 a만큼, y축의 방향으로 b만큼 평행이동 시

키면 $y = \dfrac{-2x-5}{x+2}$ 의 그래프와 겹친다고 할 때, 상수 a, b의 값을 구하시오.

다음 함수의 그래프 중 평행이동에 의하여 $y = \dfrac{1}{x}$ 과 겹치는 것을 고르시오.

① $y = \dfrac{x+1}{x-1}$ ② $y = \dfrac{x}{x-1}$ ③ $y = \dfrac{x-2}{x-1}$ ④ $y = \dfrac{-x}{x-1}$ ⑤ $y = \dfrac{x-1}{x+1}$

강의 **유리함수의 생명은 점근선이다!**

→ $y = \dfrac{cx+d}{ax+b}$ → 점근선 $x = -\dfrac{b}{a}$, $y = \dfrac{c}{a}$

① 정의역 $x \neq -\dfrac{b}{a}$, 치역 $y \neq \dfrac{c}{a}$ ② 쌍곡선의 대칭점 $\left(-\dfrac{b}{a}, \dfrac{c}{a}\right)$

주의 쌍곡선의 대칭선은 $y=x$를 x축으로 $-\dfrac{b}{a}$, y축으로 $\dfrac{c}{a}$ 만큼 평행이동한 것이다!

→ $y = \pm\left(x + \dfrac{b}{a}\right) + \dfrac{c}{a}$

기 | 본 | 예 | 제 22

유리함수 $y = \dfrac{3x+10}{x+3}$ 의 그래프가 점 (a, b)에 대하여 대칭일 때, 상수 a, b에 대하여 $a+b$의 값을

구하시오.

탐구 $y = \dfrac{cx+d}{ax+b}$의 그래프 ① 점근선 $x = -\dfrac{b}{a}$, $y = \dfrac{c}{a}$ ② 대칭점 $\left(-\dfrac{b}{a}, \dfrac{c}{a}\right)$

풀이 $y = \dfrac{3x+10}{x+3} = \dfrac{3(x+3)+1}{x+3} = \dfrac{1}{x+3} + 3$

따라서 주어진 유리함수의 그래프는 점 $(-3, 3)$에 대하여 대칭이다.

$a = -3$, $b = 3$이므로 $a+b$의 값을 구하면

$a+b = -3+3 = 0$

정답 0

유리함수 $y=\dfrac{2x-1}{2x-3}$ 의 그래프가 점 (a, b)에 대하여 대칭일 때, 상수 a, b에 대하여 ab의 값을 구하시오.

유리함수 $y=\dfrac{4x-1}{2x+1}$ 의 그래프가 $y=x+a$, $y=-x+b$에 대하여 대칭일 때, 상수 a, b의 값을 구하시오.

강의 **유리함수에서의 미정계수법은 점근선과 한 점을 이용하여 미정계수를 구한다!**

(1) 점근선을 이용하여 미정계수를 구한다. → 미정계수법

① $y=\dfrac{a}{x}$

→ 분모 $=0$

→ 점근선 $x=0$, $y=0$

② $y=n+\dfrac{a}{x-m}$

→ 분모 $=0$

→ 점근선 $x=m$, $y=n$

③ $y=\dfrac{cx+d}{ax+b}=\dfrac{c}{a}+\dfrac{r}{ax+b}$

→ 분모 $=0$

→ 점근선 $x=-\dfrac{b}{a}$, $y=\dfrac{c}{a}$

(2) 한 점을 대입하여 미정계수를 구한다. → 수치대입법

➡ 한 점 (a, b)

→ $y=f(x)$ → $b=f(a)$

주의 $y=q+\dfrac{r}{ax+b}$ (단, q: 몫, r: 나머지)

유리함수 $f(x) = \dfrac{b}{x+a} + c$의 그래프가 오른쪽

그림과 같을 때, $a+b+c$의 값을 구하시오.

(단, a, b, c는 상수)

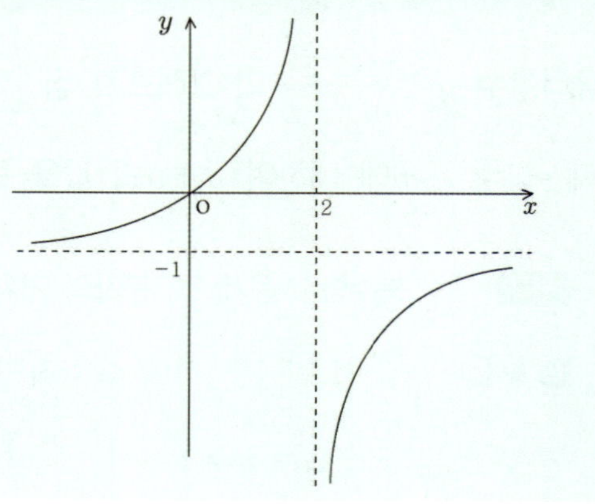

탐구

① $y = \dfrac{b}{x+a} + c$에서 점근선의 방정식 $\rightarrow x = -a,\ y = c$

② $y = f(x)$가 원점을 지나면 $f(0) = 0$

풀이 그림에서 점근선의 방정식이 $x = 2,\ y = -1$이므로

$$a = -2,\ c = -1 \quad \therefore f(x) = \dfrac{b}{x-2} - 1$$

주어진 그래프가 원점을 지나므로

$$f(0) = \dfrac{b}{-2} - 1 = 0 \quad \therefore b = -2$$

따라서 $a+b+c = (-2) + (-2) + (-1) = -5$이다.

정답 -5

유제 23-1

유리함수 $f(x) = \dfrac{b}{x+a} + c$의 그래프가 $(0, -1)$을 지나고 점근선의 방정식이 $x = -1,\ y = -3$일 때, 상수 a, b, c의 값을 구하시오.

유제 23-2

유리함수 $f(x) = \dfrac{b}{2x-a} - c$의 그래프가 오른쪽

그림과 같을 때, $a+b+c$의 값을 구하시오.

(단, a, b, c는 상수)

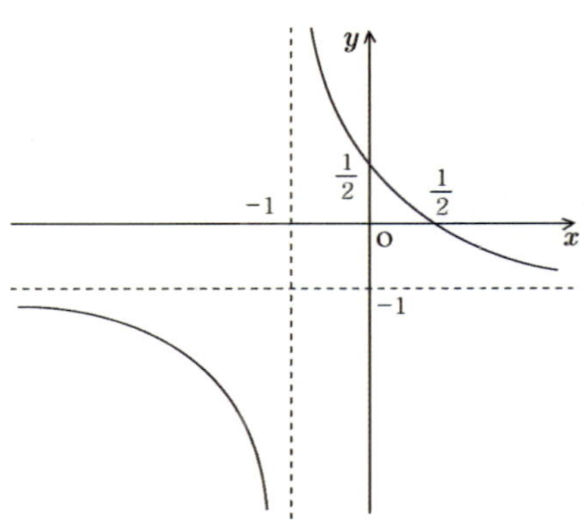

유리함수 $y = \dfrac{x+3}{ax+b}$ 의 그래프가 점 $\left(2, \dfrac{5}{2}\right)$ 를 지나고, x축에 평행한 점근선의 방정식이 $y = \dfrac{1}{2}$ 일 때, 상수 a, b에 대하여 $a+b$의 값을 구하시오.

탐구 분수함수 문제 → 분자의 저차화 → 점근선

풀이 점 $\left(2, \dfrac{5}{2}\right)$ 를 식에 대입하면 $\dfrac{5}{2} = \dfrac{2+3}{2a+b}$

$\therefore 2a+b = 2 \ \cdots①$

x축 평행 점근선 $y = \dfrac{1}{a} = \dfrac{1}{2}$

$\therefore a = 2$

$a = 2 \ \to \ ① \ ; \ b = -2$

따라서 $a+b$의 값을 구하면

$a+b = 2+(-2) = 0$

정답 0

유제 24-1 유리함수 $y = \dfrac{-2x+b}{x+a}$ 가 점 $(0, 1)$ 을 지나고 y축에 평행한 점근선의 방정식이 $x = 2$일 때, 상수 a, b의 값을 구하시오.

유제 24-2 유리함수 $y = \dfrac{ax+b}{2x+c}$ 가 점 $(1, 2)$ 를 지나고 직선 $x = 2$, $y = 1$이 점근선의 방정식일 때, 상수 a, b, c의 값을 구하시오.

강의 유리함수의 최대 최소는 그래프가 감소하는 경우와 증가하는 경우로 나눈다!

→ 주어진 범위에서 그래프를 활용하여 최댓값과 최솟값을 구한다.

① 꼴잡이가 0보다 크다 → 단조감소 → 최댓값 먼저, 최솟값 나중에 구한다.

② 꼴잡이가 0보다 작다 → 단조증가 → 최솟값 먼저, 최댓값 나중에 구한다.

유리함수 $y = \dfrac{3x+4}{x+2}$ 의 $0 \le x \le 2$에서의 최댓값과 최솟값을 구하시오.

탐구 주어진 범위에서 그래프를 그리고 최댓값과 최솟값을 구한다.

풀이 $y = \dfrac{3(x+2)-2}{x+2} = \dfrac{-2}{x+2} + 3$에서

점근선 : $x = -2$, $y = 3$ …①

x절편 : $-\dfrac{4}{3}$, y절편 : 2 …②

①, ②를 이용하여 주어진 범위에서
그래프를 그리면 오른쪽 그림과 같다.
따라서 주어진 함수는 $x = 0$에서 최솟값 2를 갖고
$x = 2$에서 최댓값 $\dfrac{5}{2}$를 갖는다.

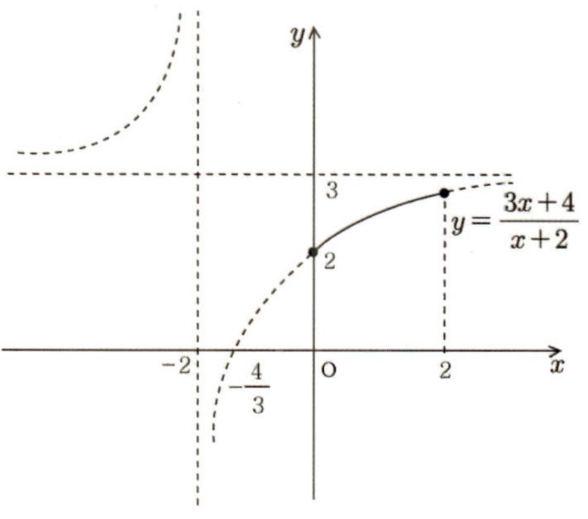

정답 최솟값 : 2, 최댓값 : $\dfrac{5}{2}$

유제 25-1 유리함수 $y = \dfrac{-3x-1}{x-1}$ 의 $2 \le x \le 4$에서의 최댓값과 최솟값을 구하시오.

유제 25-2 유리함수 $y = \dfrac{2x-3}{x-2}$ 의 $a \le x \le 1$에서 최댓값 $\dfrac{5}{3}$, 최솟값 b를 가진다고 할 때, 상수 a, b의 값을 구하시오.

강의 **유리함수와 직선의 위치 관계는 고정그래프와 이동그래프의 교점을 조사한다!**

첫째, 고정그래프를 그린다.

둘째, 이동그래프를 움직인다.

셋째, 두 그래프의 교점을 조사한다.

주의 ① 문자계수 無 → 고정그래프

② 문자계수 有 → 이동그래프

無(없을 무) 有(있을 유)

유리함수 $y = \dfrac{4x-3}{x-1}$의 그래프와 직선 $y = kx+3$이 한 점에서 만날 때, 상수 k의 값을 구하시오.

(단, $k \neq 0$)

탐구 k의 값에 관계없이 직선이 항상 지나는 점을 구한 후 두 그래프의 위치를 판단한다.

풀이 직선이 항상 지나는 점을 구하면

$kx + (y-3) = 0$에서 $x = 0$, $y = 3$

$\therefore \ (0,\ 3) \ \cdots ①$

$y = \dfrac{4(x-1)+1}{x-1} = \dfrac{1}{x-1} + 4 \qquad \cdots ②$

①, ②를 이용하여 두 그래프를 그리면 오른쪽 그림과 같다.

$k \neq 0$이므로 ㉠은 불가능하고,

㉡의 경우는 유리함수의 그래프와 직선이 접하는 경우이므로

$$\dfrac{4x-3}{x-1} = kx+3 \qquad 4x-3 = (x-1)(kx+3)$$

$$\therefore kx^2 - (k+1)x = 0$$

이차방정식의 판별식을 구하면

$$D = (k+1)^2 = 0$$

$$\therefore k = -1$$

정답 -1

유제 26-1 유리함수 $y = \dfrac{1}{x} + 2$의 그래프가 직선 $y = mx+2$와 만난다고 할 때, 상수 m의 값의 범위를 구하시오.

유제 26-2 유리함수 $y = \dfrac{2x+4}{x+1}$의 그래프와 직선 $y = mx$가 만나지 않게 되는 상수 m의 값의 범위를 구하시오.

유리함수의 합성함수 문제는 대입 또는 치환을 이용하여 푼다!

→ 규칙에 따라 대입하거나 치환하여 해결한다.

① 대입 이용   ② 치환 이용

주의 규칙 $f^{n+1}=f \circ f^n$ (n은 자연수)의 분석

$f^2=f \circ f^1$, $f^3=f \circ f^2$, $f^4=f \circ f^3$, $\cdots$을 차례로 구하여 해결한다.

기 | 본 | 예 | 제 27

유리함수 $f(x)=\dfrac{x-1}{x}$에 대하여 $f^1=f$, $f^{n+1}=f \circ f^n$ (n은 자연수)일 때, $f^{100}\left(\dfrac{1}{2}\right)$의 값을 구하시오.

탐구 f^1, f^2, $f^3,\cdots$을 구하여 규칙을 찾는다.

풀이 $f^1(x)$, $f^2(x)$, $f^3(x),\cdots$을 차례로 구하면

$$f^1(x)=\frac{x-1}{x}$$

$$f^2(x)=(f \circ f)(x)=f(f(x))=f\left(\frac{x-1}{x}\right)$$

$$=\frac{\dfrac{x-1}{x}-1}{\dfrac{x-1}{x}}=\frac{x-1-x}{x-1}=\frac{-1}{x-1}$$

$$f^3(x)=(f \circ f^2)(x)=f(f^2(x))=f\left(\frac{-1}{x-1}\right)$$

$$=\frac{\dfrac{-1}{x-1}-1}{\dfrac{-1}{x-1}}=\frac{-1-x+1}{-1}=x$$

$$\vdots$$

$f^{3n}(x)$는 항등함수이므로

$$f^{100}\left(\frac{1}{2}\right)=f^{3\times 33+1}\left(\frac{1}{2}\right)=f\left(\frac{1}{2}\right)=\frac{\dfrac{1}{2}-1}{\dfrac{1}{2}}=-1$$

정답 -1

유리함수 $f(x) = \dfrac{x+1}{x-1}$ 에 대하여 $(f \circ f)(x) = \dfrac{3}{x+2}$ 을 만족하는 x의 값을 구하시오.

유리함수 $f(x) = \dfrac{x}{1-x}$ 에 대하여 $f^1 = f$, $f^{n+1} = f \circ f^n$ (n은 자연수)일 때, $f^{100}\left(\dfrac{1}{10}\right)$의 값을 구하시오.

강의 **유리함수의 역함수는 아래 3단계를 이용하여 구한다.**

첫째, 점근선을 이용하여 정의역, 치역을 구한다.

둘째, x를 구하여 $x = (y$의 식$)$으로 나타낸다.

셋째, x와 y를 바꾸어 역함수의 식과 변역을 구한다.

(1) $y = \dfrac{a}{x}$의 역함수

→ 정의역 $x \neq 0$, 치역 $y \neq 0$ → $x = \dfrac{a}{y}$

→ 역함수 $y = \dfrac{a}{x}$; 정의역 $x \neq 0$, 치역 $y \neq 0$

(2) $y = \dfrac{a}{x-m} + n$의 역함수

→ 정의역 $x \neq m$, 치역 $y \neq n$ → $x = \dfrac{a}{y-n} + m$

→ 역함수 $y = \dfrac{a}{x-n} + m$; 정의역 $x \neq n$, 치역 $y \neq m$

(3) $y = \dfrac{cx+d}{ax+b}$의 역함수

→ 정의역 $x \neq -\dfrac{b}{a}$, 치역 $y \neq \dfrac{c}{a}$ → $x = \dfrac{-by+d}{ay-c}$

→ 역함수 $y = \dfrac{-bx+d}{ax-c}$; 정의역 $x \neq \dfrac{c}{a}$, 치역 $y \neq -\dfrac{b}{a}$

유리함수 $f(x) = \dfrac{2x+1}{x+1}$ 에 대하여 $(g \circ f)(x) = x$ 인 함수 $g(x)$ 를 구하시오.

탐구

① $(g \circ f)(x) = x \;\rightarrow\; g(x) = f^{-1}(x)$

② $y = \dfrac{cx+d}{ax+b}$ 의 **역함수** $\rightarrow\; y = \dfrac{-bx+d}{ax-c}$

풀이

$(g \circ f)(x) = x$ 를 만족하는 함수 $g(x)$ 는 $f(x)$ 의 역함수이다.

따라서 $y = \dfrac{2x+1}{x+1}$ 에서 x 를 y 에 대한 식으로 나타내면

$(x+1)y = 2x+1 \qquad xy+y = 2x+1$

$x(y-2) = -y+1 \qquad x = \dfrac{-y+1}{y-2}$

x 와 y 를 호환하면

$y = \dfrac{-x+1}{x-2}$

$\therefore g(x) = \dfrac{-x+1}{x-2}$

정답 $g(x) = \dfrac{-x+1}{x-2}$

유제 28-1

유리함수 $f(x) = \dfrac{1}{x+2} + 2$ 의 역함수 $g(x) = \dfrac{1}{x+a} + b$ 일 때, 상수 a, b 의 값을 구하시오.

유제 28-2

유리함수 $f(x) = \dfrac{3x+b}{x+a}$ 에 대하여 $f = f^{-1}$ 이고 점 $(2, -6)$ 을 지날 때, 상수 a, b 에 대하여 $a+b$ 의 값을 구하시오.

반복학습 기록란.

가장 좋은 학습방법은 학교에서나 학원에서나 선생님의 강의를 열심히 듣고 여러 번 반복학습하는 것입니다.
지금부터 당장 선생님의 강의를 열심히 듣고 반복! 반복하십시오. 그러면 곧 모든 과목에 자신이 생길 것입니다.

회수	시작이 반!			끝을 봐야!			확인
제1회	년	월	일 부터	년	월	일 까지	
제2회	년	월	일 부터	년	월	일 까지	
제3회	년	월	일 부터	년	월	일 까지	
제4회	년	월	일 부터	년	월	일 까지	
제5회	년	월	일 부터	년	월	일 까지	
제6회	년	월	일 부터	년	월	일 까지	
제7회	년	월	일 부터	년	월	일 까지	
제8회	년	월	일 부터	년	월	일 까지	
제9회	년	월	일 부터	년	월	일 까지	
제10회	년	월	일 부터	년	월	일 까지	

A ^{Step} 연습 문제

▶ 연습문제 A는 앞에서 배운 기초 단계의 문제이므로 선생님의 도움 없이 스스로
풀어 자신의 실력을 점검해 보도록 하자.

01 다음 중 유리식이 아닌 것을 고르시오.

① $\dfrac{x+1}{x}$ ② $\dfrac{x^2+1}{\sqrt{2}}$ ③ $\dfrac{2x-1}{\sqrt{x^2}}$ ④ $\sqrt{x-4}$ ⑤ $\dfrac{1}{x^2-2x+1}$

02 $\dfrac{2a^2b^3x^2}{4ab^2x^3}$ 을 약분하시오.

03 두 유리식 $\dfrac{a}{3b^3x^2y}$, $\dfrac{1}{2a^2bxy^2}$ 을 통분하시오.

04 $\dfrac{x-y}{x+y}+\dfrac{2xy}{x^2-y^2}$ 를 계산하시오.

05 등식 $\dfrac{3x}{x^3+1}=\dfrac{a}{x+1}+\dfrac{bx+c}{x^2-x+1}$ 가 $x\neq-1$인 모든 실수에 대하여 성립할 때, 상수 a, b, c의 값을 구하시오.

06 다음을 간단히 하시오.

(1) $\dfrac{1}{(a-b)(a-c)}+\dfrac{1}{(b-a)(b-c)}+\dfrac{1}{(c-a)(c-b)}$

(2) $\dfrac{1}{x-a}-\dfrac{1}{x+a}-\dfrac{2a}{x^2+a^2}-\dfrac{4a^3}{x^4+a^4}$

07 $\dfrac{x^2+5x+6}{x^2-4}\times\dfrac{6x^2-11x-2}{x^2+2x-3}$ 를 계산하시오.

08 다음을 간단히 하시오.
$$\dfrac{\dfrac{1}{x}+\dfrac{1}{y}}{\dfrac{1}{x}-\dfrac{1}{y}}$$

09 다음을 간단히 하시오.
$$\dfrac{1}{1-\dfrac{1}{1-\dfrac{1}{a}}}\times\dfrac{1}{1-\dfrac{1}{1+\dfrac{1}{a}}}$$

10 이항분리를 이용하여 $\dfrac{1}{1\times3}+\dfrac{1}{2\times4}+\dfrac{1}{3\times5}+\dfrac{1}{4\times6}+\dfrac{1}{5\times7}$ 을 계산하시오.

11 다음 식을 간단히 하시오.
$$\dfrac{1}{x(x+1)}+\dfrac{1}{(x+1)(x+2)}+\dfrac{1}{(x+2)(x+3)}+\dfrac{1}{(x+3)(x+4)}$$

12 $\dfrac{x+1}{x}-\dfrac{x+7}{x+6}$ 을 간단히 하시오.

13 $xyz=1$ 일 때, 다음 식의 값을 구하시오.
$$\frac{x}{xy+x+1}+\frac{y}{yz+y+1}+\frac{z}{zx+z+1}$$

14 $x-\dfrac{1}{x}=\sqrt{3}$ 일 때, $x^3+\dfrac{1}{x^3}$ 의 값을 구하시오.

15 다음 식의 값을 구하시오.
$$2-\cfrac{1}{2-\cfrac{1}{2-\cdots}}$$

16 다음 두 식을 이용하여 $x:y:z$ 의 값을 구하시오.
$$x-3y+z=0 \ \cdots① \qquad\qquad 2x+y-z=0 \ \cdots②$$

17 $\dfrac{b+2c}{3a}=\dfrac{2c+3a}{b}=\dfrac{3a+b}{2c}=k$ 를 만족하는 모든 k의 값을 구하시오.

18 $3x = 2y \neq 0$일 때, $\dfrac{3x^2 + 2xy}{x^2 + xy}$의 값을 구하시오.

19 a가 2와 8의 비례중항일 때, 다음 중 옳은 것을 모두 고르시오.

① $\dfrac{2}{a} = \dfrac{a}{8}$ ② $a = 2 + 8$ ③ $a^2 = 2 \times 8$

④ $\dfrac{a}{2} = 8$ ⑤ $\dfrac{2}{a} = 8$

20 다음 중 유리함수가 아닌 것을 고르시오.

① $y = 2x - 1$ ② $y = \dfrac{1}{x} + 2$ ③ $y = \sqrt{x} + 3$ ④ $y = \dfrac{2}{x^2} - 3$ ⑤ $y = \dfrac{1}{3}|x|$

21 유리함수 $y = \dfrac{1}{x+1} - 1$의 정의역, 치역, 점근선의 방정식을 구하고 그래프를 그리시오.

22 $y = -\dfrac{1}{x}$의 그래프를 x축의 방향으로 a만큼, y축의 방향으로 b만큼 평행이동시키면 $y = \dfrac{3x - 7}{x - 2}$의 그래프와 겹친다고 할 때, 상수 a, b의 값을 구하시오.

23 유리함수 $y = \dfrac{3x + 10}{x + 3}$의 그래프가 점 (a, b)에 대하여 대칭일 때, 상수 a, b에 대하여 $a + b$의 값을 구하시오.

24 유리함수 $f(x) = \dfrac{b}{x+a} + c$의 그래프가 오른쪽

그림과 같을 때, $a+b+c$의 값을 구하시오.

(단, a, b, c는 상수)

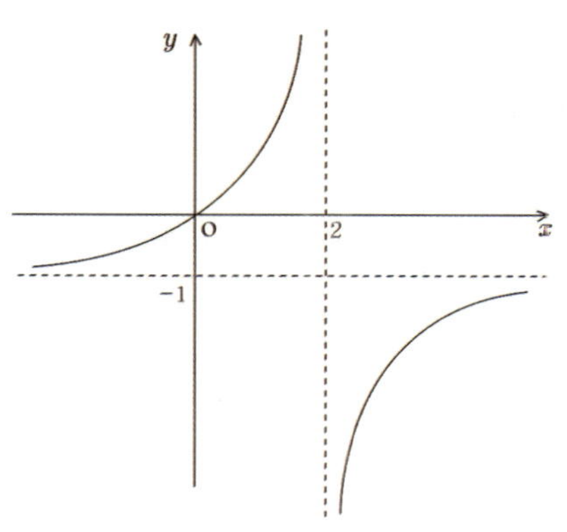

25 유리함수 $y = \dfrac{x+3}{ax+b}$의 그래프가 점 $\left(2, \dfrac{5}{2}\right)$를 지나고, x축에 평행한 점근선의 방정식이

$y = \dfrac{1}{2}$일 때, 상수 a, b에 대하여 $a+b$의 값을 구하시오.

26 유리함수 $y = \dfrac{3x+4}{x+2}$의 $0 \leq x \leq 2$에서의 최댓값과 최솟값을 구하시오.

27 유리함수 $y = \dfrac{4x-3}{x-1}$의 그래프와 직선 $y = kx+3$이 한 점에서 만날 때, 상수 k의 값을 구하시오. (단, $k \neq 0$)

28 유리함수 $f(x) = \dfrac{x+1}{x-1}$에 대하여 $(f \circ f)(x) = \dfrac{3}{x+2}$을 만족하는 x의 값을 구하시오.

29 유리함수 $f(x) = \dfrac{2x+1}{x+1}$에 대하여 $(g \circ f)(x) = x$인 함수 $g(x)$를 구하시오.

B ^{Step} 연습 문제

▶ 연습문제 B는 앞에서 배운 중급 단계의 문제이므로 선생님의 도움 없이 스스로 풀어 자신의 실력을 점검해 보도록 하자.

01 다음 중 옳은 것을 모두 고르시오.

① $\dfrac{x^2-5}{3}$ 는 분수식이다.

② $\dfrac{x^2-\sqrt{5}}{\sqrt{3}}$ 는 유리식이다.

③ 유리식은 덧셈에 대한 교환법칙, 결합법칙이 성립하지 않는다.

④ $\dfrac{B}{A}$ 꼴의 식에서 A가 0이 아닌 실수일 때, 분수식이라 한다.

⑤ 유리식은 분배법칙이 성립한다.

02 $\dfrac{x^3-3x^2y+2xy^2}{2y^2+xy-x^2}$ 을 약분하시오.

03 두 유리식 $\dfrac{x+2}{x^3-4x^2+x+6}$, $\dfrac{x+3}{x^3-7x+6}$ 을 통분하시오.

04 $\dfrac{x}{x^2+y^2}-\dfrac{y(x-y)^2}{x^4-y^4}$ 을 계산하시오.

05 분모를 0이 되지 않게 하는 모든 실수 x에 대하여

$$\frac{a}{x-2}+\frac{b}{x+2}+\frac{c}{x}=\frac{2(x^2-x+2)}{x^3-4x}$$

가 성립할 때, 상수 a, b, c의 값을 구하시오.

06 $\dfrac{a}{(a+b)(c+a)}+\dfrac{b}{(a+b)(b+c)}+\dfrac{c}{(c+a)(b+c)}$ 를 간단히 하시오.

07 $\dfrac{x^3-3x^2}{2x^2+3x}\times\dfrac{x^2-4}{x^2-5x+6}\div\dfrac{2x^2+5x+2}{2x+1}$ 를 계산하시오.

08 다음을 간단히 하시오.

$$\dfrac{\dfrac{a}{b}-\dfrac{b^2}{a^2}}{\dfrac{1}{b}-\dfrac{1}{a}}$$

09 다음을 간단히 하시오.

$$1+\cfrac{1}{1+\cfrac{1}{1+\cfrac{1}{1+\cfrac{1}{x}}}}$$

10 이항분리를 이용하여 $\dfrac{1}{15}+\dfrac{1}{35}+\dfrac{1}{63}+\dfrac{1}{99}+\dfrac{1}{143}$ 을 계산하시오.

11 $\dfrac{1}{x(x+2)}+\dfrac{1}{(x+1)(x+3)}+\dfrac{1}{(x+2)(x+4)}+\dfrac{1}{(x+3)(x+5)}$ 을 간단히 하시오.

12 $\dfrac{x^3-x^2-4x+1}{x^2-3x+2}-\dfrac{x^2+1}{x-1}-\dfrac{x-2}{x}$ 를 간단히 하시오.

13 $x+\dfrac{1}{y}=y+\dfrac{1}{2z}=1$일 때, $\dfrac{1}{xyz}$의 값을 구하시오.

14 $x^2+x+1=0$일 때, 다음 분수식의 값을 구하시오.

(1) $x^2+\dfrac{1}{x^2}$ 　　　　(2) $x^5+\dfrac{1}{x^5}$ 　　　　(3) $x^{100}+\dfrac{1}{x^{100}}$

15 다음 식의 값을 구하시오.

$$2+\cfrac{3}{2+\cfrac{3}{2+\cdots}}$$

16 삼각형의 세 변 $a,\ b,\ c$ 사이에 다음 등식이 성립할 때, 이 삼각형의 모양을 말하시오.

$$a+b-3c=0 \qquad (a+c)^2-3b(a+c)+2b^2=0$$

17 $\dfrac{x-2y}{2}=\dfrac{5x-z}{3}=\dfrac{2z}{3}=\dfrac{13x-6y-8z}{c}$ 가 성립할 때, 상수 c를 구하시오.

18 $(x+y):(y+z):(z+x)=6:4:3$ (단, $xyz \neq 0$)일 때, $\dfrac{4x+5z}{2y+3z}$ 의 값을 구하시오.

19 다음 중 유리함수가 아닌 것을 모두 고르시오.

① $y=\sqrt{x^2}$　② $y=\sqrt{x^3}$　③ $y=\sqrt{x^4}$　④ $y=\dfrac{1}{|x|}$　⑤ $|y|=\dfrac{1}{x}$

20 두 함수 $y=\dfrac{-x+3}{x+2}$, $y=\dfrac{2x-2}{x-2}$ 의 그래프의 점근선으로 둘러싸인 부분의 넓이를 구하시오.

21 다음 함수의 그래프 중 평행이동에 의하여 $y=\dfrac{1}{x}$ 과 겹치는 것을 고르시오.

① $y=\dfrac{x+1}{x-1}$　② $y=\dfrac{x}{x-1}$　③ $y=\dfrac{x-2}{x-1}$　④ $y=\dfrac{-x}{x-1}$　⑤ $y=\dfrac{x-1}{x+1}$

22 유리함수 $y=\dfrac{4x-1}{2x+1}$ 의 그래프가 $y=x+a$, $y=-x+b$에 대하여 대칭일 때, 상수 a, b의 값을 구하시오.

23 유리함수 $f(x)=\dfrac{b}{2x-a}-c$의 그래프가 오른쪽 그림과 같을 때, $a+b+c$의 값을 구하시오.
(단, a, b, c는 상수)

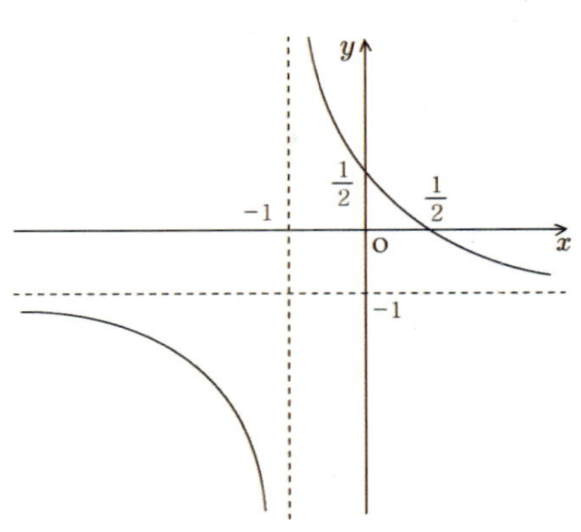

24 유리함수 $y = \dfrac{ax+b}{2x+c}$ 가 점 $(1, 2)$를 지나고 직선 $x = 2$, $y = 1$이 점근선의 방정식일 때, 상수 a, b, c의 값을 구하시오.

25 유리함수 $y = \dfrac{2x-3}{x-2}$ 의 $a \leq x \leq 1$에서 최댓값 $\dfrac{5}{3}$, 최솟값 b를 가진다고 할 때, 상수 a, b의 값을 구하시오.

26 유리함수 $y = \dfrac{2x+4}{x+1}$ 의 그래프와 직선 $y = mx$가 만나지 않게 되는 상수 m의 값의 범위를 구하시오.

27 유리함수 $f(x) = \dfrac{x-1}{x}$ 에 대하여 $f^1 = f$, $f^{n+1} = f \circ f^n$ (n은 자연수)일 때, $f^{100}\left(\dfrac{1}{2}\right)$의 값을 구하시오.

28 유리함수 $f(x) = \dfrac{3x+b}{x+a}$ 에 대하여 $f = f^{-1}$이고 점 $(2, -6)$을 지날 때, 상수 a, b에 대하여 $a+b$의 값을 구하시오.

P A R T

03

무리함수

- ◆ 중·고교 연결과정 선수학습
- **1** 무리식과 그 연산
- **2** 무리함수
- ◆ 반복학습 기록란
- ◆ 연습문제 (A) (B)

명언

무엇이든지 남에게 대접을 받고자 하는 대로 너희도 남을 대접하라.

- 성경 마태복음 7장 12절 -

1 제곱근의 계산

(1) $a \leq 0$, $b \leq 0$일 때만 $\sqrt{a}\,\sqrt{b} = -\sqrt{ab}$

(2) $a \geq 0$, $b < 0$일 때만 $\dfrac{\sqrt{a}}{\sqrt{b}} = -\sqrt{\dfrac{a}{b}}$

강의 $\sqrt{a}\,\sqrt{b}$ 와 $\sqrt{ab}$ 는 둘 다 음수일 때만 $-$를 붙인다!

→ $a \leq 0$, $b \leq 0$일 때만 $\sqrt{a}\,\sqrt{b} = -\sqrt{ab}$

주의 둘 다 음수일 때만 $-$를 붙인다. (0일 때 주의!)

기|본|예|제 01

a, b는 실수이고, $\sqrt{a}\,\sqrt{b} = -\sqrt{ab}$일 때, $\sqrt{2a^2} - |b|$를 간단히 하시오.

탐구 $\sqrt{a}\,\sqrt{b} = -\sqrt{ab} \rightarrow a \leq 0$, $b \leq 0$

풀이 조건식에서 $\sqrt{a}\,\sqrt{b} = -\sqrt{ab}$이므로 $a \leq 0$, $b \leq 0$

$$(준식) = \sqrt{2}\,\sqrt{a^2} - |b| = \sqrt{2}\,|a| - |b|$$
$$= -\sqrt{2}\,a + b$$

정답 $-\sqrt{2}\,a + b$

유제 01-1 실수 x에 대하여 $\sqrt{x-2}\,\sqrt{x+1} = -\sqrt{(x-2)(x+1)}$일 때, $\sqrt{(x-2)^2} - \sqrt{(x+1)^2}$을 간단히 하시오.

유제 01-2 실수 x에 대하여 $\sqrt{x-2}\,\sqrt{1-x} = -\sqrt{-x^2+3x-2}$일 때, $\sqrt{x^2+6x+9} + \sqrt{x^2-10x+25}$를 간단히 하시오.

강의 $\dfrac{\sqrt{a}}{\sqrt{b}}$ 와 $\sqrt{\dfrac{a}{b}}$ 는 분자 ≥ 0 이고, 분모 < 0 일 때만 $-$ 를 붙인다!

→ $a \geq 0$, $b < 0$ 일 때만 $\dfrac{\sqrt{a}}{\sqrt{b}} = -\sqrt{\dfrac{a}{b}}$

주의 분자 ≥ 0, 분모 < 0 일 때만 $-$ 를 붙인다. (0일 때 주의!)

기|본|예|제 02

$a,\ b$는 실수이고 $\dfrac{\sqrt{a}}{\sqrt{b}} = -\sqrt{\dfrac{a}{b}}$ 일 때, $\sqrt{(a-b)^2} - \sqrt{b^2} + |a|$를 간단히 하시오.

탐구 $\dfrac{\sqrt{a}}{\sqrt{b}} = -\sqrt{\dfrac{a}{b}} \;\rightarrow\; a \geq 0,\ b < 0$

풀이 조건식에서 $\dfrac{\sqrt{a}}{\sqrt{b}} = -\sqrt{\dfrac{a}{b}}$ 이므로 $a \geq 0,\ b < 0$

$$(준식) = |a-b| - |b| + |a|$$
$$= a - b - (-b) + a$$
$$= 2a$$

정답 $2a$

유제 02-1 실수 x에 대하여 $\dfrac{\sqrt{x+2}}{\sqrt{x}} = -\sqrt{\dfrac{x+2}{x}}$ 일 때, $|x| + \sqrt{(x+2)^2}$ 을 간단히 하시오.

유제 02-2 실수 x에 대하여 $\dfrac{\sqrt{x}}{\sqrt{x-3}} + \sqrt{\dfrac{x}{x-3}} = 0$ 일 때, $\sqrt{x^2-6x+9} + \sqrt{x^2}$ 을 간단히 하시오.

2 분모의 유리화

→ 분모가 근호를 포함하고 있을 때, 분모에 근호가 포함되지 않도록 변형하는 것을 **분모의 유리화** 라 한다.

(1) $\dfrac{b}{\sqrt{a}} = \dfrac{b\sqrt{a}}{\sqrt{a}\,\sqrt{a}} = \dfrac{b\sqrt{a}}{a}$

(2) $\dfrac{c}{\sqrt{a}+\sqrt{b}} = \dfrac{c(\sqrt{a}-\sqrt{b})}{(\sqrt{a}+\sqrt{b})(\sqrt{a}-\sqrt{b})} = \dfrac{c(\sqrt{a}-\sqrt{b})}{a-b}$

(3) $\dfrac{c}{\sqrt{a}-\sqrt{b}} = \dfrac{c(\sqrt{a}+\sqrt{b})}{(\sqrt{a}-\sqrt{b})(\sqrt{a}+\sqrt{b})} = \dfrac{c(\sqrt{a}+\sqrt{b})}{a-b}$

강의 분모의 유리화(I)은 대포만 잘 쏘면 된다!

① $(a+b)(a-b) = a^2 - b^2$ 이용

→ $(\sqrt{a}+\sqrt{b})(\sqrt{a}-\sqrt{b}) = a-b$

② $(a+b)(c-d) = ac - ad + bc - bd$ 이용

→ $(\sqrt{a}+\sqrt{b})(\sqrt{c}-\sqrt{d}) = \sqrt{ac} - \sqrt{ad} + \sqrt{bc} - \sqrt{bd}$

③ $\dfrac{\sqrt{a}+\sqrt{b}}{\sqrt{c}+\sqrt{d}} = \dfrac{(\sqrt{a}+\sqrt{b})(\sqrt{c}-\sqrt{d})}{c-d}$

기 | 본 | 예 | 제 03

$\dfrac{\sqrt{2}+\sqrt{3}}{\sqrt{6}+2}$ 의 분모를 유리화하시오.

탐구 $\dfrac{\sqrt{a}+\sqrt{b}}{\sqrt{c}+\sqrt{d}} = \dfrac{(\sqrt{a}+\sqrt{b})(\sqrt{c}-\sqrt{d})}{c-d}$ 를 이용한다.

풀이 $\dfrac{\sqrt{2}+\sqrt{3}}{\sqrt{6}+2} = \dfrac{(\sqrt{2}+\sqrt{3})(\sqrt{6}-2)}{6-4} = \dfrac{\sqrt{12}-2\sqrt{2}+\sqrt{18}-2\sqrt{3}}{2}$

$\qquad\qquad = \dfrac{2\sqrt{3}-2\sqrt{2}+3\sqrt{2}-2\sqrt{3}}{2} = \dfrac{\sqrt{2}}{2}$

정답 $\dfrac{\sqrt{2}}{2}$

유제 03-1 다음 수의 분모를 유리화하시오.

$$(1)\ \frac{6}{\sqrt{5}+\sqrt{2}} \qquad\qquad (2)\ \frac{\sqrt{3}-\sqrt{5}}{2-\sqrt{3}}$$

유제 03-2 $\dfrac{1}{1+\sqrt{2}-\sqrt{3}}$ 의 분모를 유리화하시오.

강의 분모의 유리화(Ⅱ)는 분모, 분자가 부호만 다를 때 분자가 완전제곱이 된다!

① $(a+b)^2=a^2+b^2+2ab$ 이용

→ $(\sqrt{a}+\sqrt{b})^2=a+b+2\sqrt{ab}$

② $(a-b)^2=a^2+b^2-2ab$ 이용

→ $(\sqrt{a}-\sqrt{b})^2=a+b-2\sqrt{ab}$

공식 1) $\dfrac{\sqrt{a}+\sqrt{b}}{\sqrt{a}-\sqrt{b}}=\dfrac{(\sqrt{a}+\sqrt{b})^2}{a-b}$

공식 2) $\dfrac{\sqrt{a}-\sqrt{b}}{\sqrt{a}+\sqrt{b}}=\dfrac{(\sqrt{a}-\sqrt{b})^2}{a-b}$

기|본|예|제 04

$\dfrac{2-\sqrt{3}}{2+\sqrt{3}}$ 의 분모를 유리화하시오.

탐구 $\dfrac{\sqrt{a}-\sqrt{b}}{\sqrt{a}+\sqrt{b}}=\dfrac{(\sqrt{a}-\sqrt{b})^2}{a-b}$ 을 이용한다.

풀이
$$\frac{2-\sqrt{3}}{2+\sqrt{3}}=\frac{(2-\sqrt{3})^2}{4-3}$$
$$=4-4\sqrt{3}+3=7-4\sqrt{3}$$

정답 $7-4\sqrt{3}$

유제 04-1 $\dfrac{3+\sqrt{7}}{3-\sqrt{7}}$ 의 분모를 유리화하시오.

유제 04-2 $x=\dfrac{2+\sqrt{5}}{2-\sqrt{5}}$, $y=\dfrac{2-\sqrt{5}}{2+\sqrt{5}}$ 일 때, x^2+y^2 의 값을 구하시오.

강의 분모의 유리화 (Ⅲ)은 분자가 $a-b$이면 분모의 부호만 바꾸면 된다!

공식 1) $\dfrac{a-b}{\sqrt{a}+\sqrt{b}}=\sqrt{a}-\sqrt{b}$

공식 2) $\dfrac{a-b}{\sqrt{a}-\sqrt{b}}=\sqrt{a}+\sqrt{b}$

기|본|예|제 05

$\dfrac{4}{\sqrt{7}-\sqrt{3}}$ 의 분모를 유리화하시오.

탐구 $\dfrac{a-b}{\sqrt{a}-\sqrt{b}}=\sqrt{a}+\sqrt{b}$ 을 이용한다.

풀이 $\dfrac{4}{\sqrt{7}-\sqrt{3}}=\dfrac{7-3}{\sqrt{7}-\sqrt{3}}=\sqrt{7}+\sqrt{3}$

정답 $7+\sqrt{3}$

유제 05-1 $\dfrac{-3}{\sqrt{2}+\sqrt{5}}$ 의 분모를 유리화하시오.

유제 05-2 $\dfrac{1}{\sqrt{2}+1}+\dfrac{1}{\sqrt{2}-1}$ 을 계산하시오.

1 무리식

[1] 무리식

→ 근호 안에 문자를 포함하고 있는 식, 즉 A가 다항식일 때, $\sqrt{A}\,(A \geq 0)$꼴을 가지고 있는 식을 **무리식**이라 한다.

[2] 무리식의 값이 실수가 되기 위한 조건

→ (근호 안의 식의 값) ≥ 0, 분모 $\neq 0$

강의 무리식은 실수체계에서 그 숨겨진 범위를 생각해야 한다!

→ 항상 숨겨진 범위에 유의하라!

→ 실수체계 : $\sqrt{(\text{속})\geq 0} \geq 0$

보기 $y-3 = \sqrt{x+2}$

→ $x+2 \geq 0,\ y-3 \geq 0$

→ $x \geq -2,\ y \geq 3$

기 | 본 | 예 | 제 01

무리식 $\sqrt{3x+1} - \sqrt{2x-1}$ 의 값이 실수가 되도록 하는 x의 범위를 구하시오.

탐구 실수체계 → $\sqrt{(\text{속})\geq 0} \geq 0$임을 이용한다.

풀이 무리식의 값이 실수가 되려면 (근호 안의 식의 값) ≥ 0이어야 하므로

$$3x+1 \geq 0 \ \text{and} \ 2x-1 \geq 0$$

$$x \geq -\frac{1}{3} \ \text{and} \ x \geq \frac{1}{2} \qquad \therefore \ x \geq \frac{1}{2}$$

정답 $x \geq \dfrac{1}{2}$

유제 01-1 무리식 $2 - \sqrt{2-3x}$ 의 값이 실수가 되도록 하는 x의 범위를 구하시오.

유제 01-2 무리식 $\dfrac{2}{\sqrt{x+2}} + \sqrt{3-2x}$ 의 값이 실수가 되게 하는 정수 x의 개수를 구하시오.

→ 분모가 근호를 포함하고 있을 때, 분모에 근호가 포함되지 않도록 변형하는 것을
분모의 유리화라 한다.

(1) $\dfrac{b}{\sqrt{a}} = \dfrac{b\sqrt{a}}{\sqrt{a}\,\sqrt{a}} = \dfrac{b\sqrt{a}}{a}$

(2) $\dfrac{c}{\sqrt{a}+\sqrt{b}} = \dfrac{c(\sqrt{a}-\sqrt{b})}{(\sqrt{a}+\sqrt{b})(\sqrt{a}-\sqrt{b})} = \dfrac{c(\sqrt{a}-\sqrt{b})}{a-b}$

(3) $\dfrac{c}{\sqrt{a}-\sqrt{b}} = \dfrac{c(\sqrt{a}+\sqrt{b})}{(\sqrt{a}-\sqrt{b})(\sqrt{a}+\sqrt{b})} = \dfrac{c(\sqrt{a}+\sqrt{b})}{a-b}$

(4) $\dfrac{c}{\sqrt[3]{a}+\sqrt[3]{b}} = \dfrac{c\{(\sqrt[3]{a})^2-\sqrt[3]{ab}+(\sqrt[3]{b})^2\}}{(\sqrt[3]{a}+\sqrt[3]{b})\{(\sqrt[3]{a})^2-\sqrt[3]{ab}+(\sqrt[3]{b})^2\}} = \dfrac{c\{(\sqrt[3]{a})^2-\sqrt[3]{ab}+(\sqrt[3]{b})^2\}}{a+b}$

(5) $\dfrac{c}{\sqrt[3]{a}-\sqrt[3]{b}} = \dfrac{c\{(\sqrt[3]{a})^2+\sqrt[3]{ab}+(\sqrt[3]{b})^2\}}{(\sqrt[3]{a}-\sqrt[3]{b})\{(\sqrt[3]{a})^2+\sqrt[3]{ab}+(\sqrt[3]{b})^2\}} = \dfrac{c\{(\sqrt[3]{a})^2+\sqrt[3]{ab}+(\sqrt[3]{b})^2\}}{a-b}$

강의 분모 $\sqrt[3]{a}\pm\sqrt[3]{b}$ 의 유리화는 짝꿍을 곱하여 유리화한다!

① $(a+b)(a^2-ab+b^2)=a^3+b^3$

→ $(\sqrt[3]{a}+\sqrt[3]{b})\{(\sqrt[3]{a})^2-\sqrt[3]{ab}+(\sqrt[3]{b})^2\}=a+b$

② $(a-b)(a^2+ab+b^2)=a^3-b^3$

→ $(\sqrt[3]{a}-\sqrt[3]{b})\{(\sqrt[3]{a})^2+\sqrt[3]{ab}+(\sqrt[3]{b})^2\}=a-b$

주의 서로 짝꿍을 찾아 곱하여 유리화한다!

보기 $\sqrt[3]{a}\pm\sqrt[3]{b}$의 분모 유리화 짝꿍

① $\sqrt[3]{3}+\sqrt[3]{2}$ 의 짝꿍은 $(\sqrt[3]{3})^2-\sqrt[3]{3\times2}+(\sqrt[3]{2})^2$

→ $(\sqrt[3]{3}+\sqrt[3]{2})\{(\sqrt[3]{3})^2-\sqrt[3]{3\times2}+(\sqrt[3]{2})^2\}=3+2$

② $\sqrt[3]{3}-\sqrt[3]{2}$ 의 짝꿍은 $(\sqrt[3]{3})^2+\sqrt[3]{3\times2}+(\sqrt[3]{2})^2$

→ $(\sqrt[3]{3}-\sqrt[3]{2})\{(\sqrt[3]{3})^2+\sqrt[3]{3\times2}+(\sqrt[3]{2})^2\}=3-2$

다음 식의 분모를 유리화하시오.

(1) $\dfrac{1}{\sqrt[3]{5}-\sqrt[3]{2}}$

(2) $\dfrac{1}{1-\sqrt[3]{2}+\sqrt[3]{4}}$

탐구

① $(a-b)(a^2+ab+b^2)=a^3-b^3$을 이용한다.

② $(a+b)(a^2-ab+b^2)=a^3+b^3$을 이용한다.

풀이

(1) (준식) $= \dfrac{\left(\sqrt[3]{5}\right)^2+\sqrt[3]{5\times2}+\left(\sqrt[3]{2}\right)^2}{\left(\sqrt[3]{5}-\sqrt[3]{2}\right)\left\{\left(\sqrt[3]{5}\right)^2+\sqrt[3]{5\times2}+\left(\sqrt[3]{2}\right)^2\right\}}$

$= \dfrac{\sqrt[3]{25}+\sqrt[3]{10}+\sqrt[3]{4}}{\left(\sqrt[3]{5}\right)^3-\left(\sqrt[3]{2}\right)^3}$

$= \dfrac{\sqrt[3]{25}+\sqrt[3]{10}+\sqrt[3]{4}}{3}$

(2) (준식) $= \dfrac{1+\sqrt[3]{2}}{\left(1-\sqrt[3]{2}+\sqrt[3]{4}\right)\left(1+\sqrt[3]{2}\right)}$

$= \dfrac{1+\sqrt[3]{2}}{1^3+\left(\sqrt[3]{2}\right)^3}$

$= \dfrac{1+\sqrt[3]{2}}{3}$

정답 (1) $\dfrac{\sqrt[3]{25}+\sqrt[3]{10}+\sqrt[3]{4}}{3}$ (2) $\dfrac{1+\sqrt[3]{2}}{3}$

유제 02-1 다음 식의 분모를 유리화하시오.

(1) $\dfrac{1}{\sqrt[3]{4}+\sqrt[3]{2}}$

(2) $\dfrac{1}{\sqrt[3]{9}+\sqrt[3]{3}+1}$

유제 02-2 다음을 계산하시오.

$$\dfrac{1}{\sqrt[3]{4}-1}+\dfrac{1}{\sqrt[3]{16}+\sqrt[3]{4}+1}$$

(1) 분모, 분자가 연결 부호만 다른 경우의 유리화

① $\dfrac{\sqrt{a}-\sqrt{b}}{\sqrt{a}+\sqrt{b}}=\dfrac{(\sqrt{a}-\sqrt{b})^2}{a-b}$ 　② $\dfrac{\sqrt{a}+\sqrt{b}}{\sqrt{a}-\sqrt{b}}=\dfrac{(\sqrt{a}+\sqrt{b})^2}{a-b}$

(2) 분자가 $a-b$인 경우의 유리화

① $\dfrac{a-b}{\sqrt{a}+\sqrt{b}}=\sqrt{a}-\sqrt{b}$ 　② $\dfrac{a-b}{\sqrt{a}-\sqrt{b}}=\sqrt{a}+\sqrt{b}$

기 | 본 | 예 | 제 03

$x=\sqrt{2}$일 때, $\dfrac{\sqrt{x+1}+\sqrt{x-1}}{\sqrt{x+1}-\sqrt{x-1}}$의 값을 구하시오.

탐구　$\dfrac{\sqrt{A}+\sqrt{B}}{\sqrt{A}-\sqrt{B}}=\dfrac{(\sqrt{A}+\sqrt{B})^2}{A-B}$ 을 이용한다.

풀이

$$(\text{준식})=\frac{(\sqrt{x+1}+\sqrt{x-1})^2}{(\sqrt{x+1}-\sqrt{x-1})(\sqrt{x+1}+\sqrt{x-1})}$$

$$=\frac{x+1+2\sqrt{x+1}\sqrt{x-1}+x-1}{x+1-(x-1)}=\frac{2x+2\sqrt{x^2-1}}{2}$$

$$=x+\sqrt{x^2-1} \cdots ①$$

①에 $x=\sqrt{2}$를 대입하여 식의 값을 구하면

$$① = \sqrt{2}+\sqrt{(\sqrt{2})^2-1}=\sqrt{2}+1$$

정답　$\sqrt{2}+1$

유제 03-1　$x=\dfrac{1}{\sqrt{3}-\sqrt{2}}$, $y=\dfrac{1}{\sqrt{3}+\sqrt{2}}$ 일 때, $\dfrac{\sqrt{x}+\sqrt{y}}{\sqrt{x}-\sqrt{y}}$의 값을 구하시오.

유제 03-2　$\dfrac{6x+3}{\sqrt{x^2+4x+4}-\sqrt{x^2-2x+1}}=4$의 해를 구하시오.

[1] $x = a + b\sqrt{m}$ 꼴의 조건식이 주어지는 경우

→ a를 이항해서 제곱하여 나온 식을 이용한다.

[2] 역수 관계식 문제

→ 변형공식을 이용한다.

[3] 무한히 반복되는 식인 경우

→ 결과를 x로 놓아 계산한다.

[4] 정수 부분과 소수 부분으로 분리하는 경우

→ 정수 부분을 먼저 결정하고 소수 부분은 전체에서 정수 부분을 제외한 것이다.

강의 고차식 문제(Ⅱ)는 $x = a + b\sqrt{m}$ 이 보이면 아래 3단계를 이용하여 해결한다!

→ $x = a + b\sqrt{m}$, $x = a + bi$ 꼴 이용 → 고차식의 값 구하기

첫째, 이항 → $x - a = b\sqrt{m}$

둘째, 양변 제곱 → (이차식) $= 0$

셋째, (고차식) (이차식) → 나머지(답)

기 | 본 | 예 | 제 04

$x = \dfrac{1}{3 + \sqrt{5}}$ 일 때, $4x^3 - 2x^2 - 5x + 3$의 값을 구하시오.

탐구 첫째, $x = a + b\sqrt{m}$ → $x - a = b\sqrt{m}$

둘째, 양변 제곱 → (이차식) $= 0$

셋째, (고차식) ÷ (이차식) → 나머지(답)

풀이 $x = \dfrac{1}{3 + \sqrt{5}} = \dfrac{3 - \sqrt{5}}{4}$ 에서

$$4x = 3 - \sqrt{5} \quad 4x - 3 = -\sqrt{5}$$

양변 제곱하고 정리하면

$$(4x - 3)^2 = (-\sqrt{5})^2 \quad 16x^2 - 24x + 9 = 5$$

$$\therefore \ 4x^2 - 6x + 1 = 0$$

$$(준식) = (4x^2 - 6x + 1)(x + 1) + 2 = 0 + 2 = 2$$

정답 2

유제 04-1 $x = \dfrac{1}{2 - \sqrt{3}}$ 일 때, $2x^3 - 8x^2 + 2x + 3$의 값을 구하시오.

유제 04-2 $x = 1 - \sqrt{2}$ 일 때, $x^3 - 3x^2 + 2x - 1$의 값을 구하시오.

강의 역수 관계식 문제는 조건식이 역수 관계식임을 알아채야 한다!

① 조건 → 역수 관계

② 계산 → 변형공식 이용

주의 $ax^2 + bx + a = 0$꼴의 식은 역수 관계식이다.

$$\Rightarrow\ ax^2 + bx + a = 0 \rightarrow ax + b + \frac{a}{x} = 0 \rightarrow a\left(x + \frac{1}{x}\right) = -b \rightarrow x + \frac{1}{x} = -\frac{b}{a}$$

기 | 본 | 예 | 제 05

$x^2 - 5x + 1 = 0$일 때, $\sqrt{x} + \dfrac{1}{\sqrt{x}}$의 값을 구하시오.

탐구 역수 관계식 → 변형공식 이용

풀이 $x^2 - 5x + 1 = 0$의 양변을 x로 나누면

$$x - 5 + \frac{1}{x} = 0 \qquad \therefore\ x + \frac{1}{x} = 5$$

$$\left(\sqrt{x} + \frac{1}{\sqrt{x}}\right)^2 = x + \frac{1}{x} + 2 = 5 + 2 = 7$$

$$\sqrt{x} + \frac{1}{\sqrt{x}} > 0 \text{이므로}\ \sqrt{x} + \frac{1}{\sqrt{x}} = \sqrt{7}$$

정답 $\sqrt{7}$

유제 05-1 $x^2 - 4x + 1 = 0$일 때, $\sqrt{x} + \dfrac{1}{\sqrt{x}}$의 값을 구하시오.

유제 05-2 $x^2 - 3x + 1 = 0$일 때, $\left|\sqrt{x} - \dfrac{1}{\sqrt{x}}\right|$의 값을 구하시오.

→ 결과(답)을 x로 놓아 계산하여 x를 구한다.

보기 $\sqrt{2+\underbrace{\sqrt{2+\sqrt{2+\cdots}}}_{x}}=x$

→ $\sqrt{2+x}=x$

기 | 본 | 예 | 제 06

다음 식의 값을 구하시오.

$$\sqrt{2+\sqrt{2+\sqrt{2+\cdots}}}$$

탐구 (무한히 계속되는 무리식)$=x$로 놓아라.

풀이 $\sqrt{2+\underbrace{\sqrt{2+\sqrt{2+\cdots}}}_{x}}=x$

$\sqrt{2+x}=x$

$x^2-x-2=0$

$(x-2)(x+1)=0$

$\therefore\ x=2,\ x=-1$

$x>0$이므로 식의 값은 2이다.

정답 2

유제 06-1 $\sqrt{6+\sqrt{6+\sqrt{6+\cdots}}}$ 의 값을 구하시오.

유제 06-2 $\sqrt{12-\sqrt{12-\sqrt{12-\cdots}}}$ 의 값을 구하시오.

기|본|예|제 07

$\dfrac{1}{3 - \sqrt{7}}$의 정수 부분을 a, 소수 부분을 b라 할 때, $a^2 + ab - 2b^2$의 값을 구하시오.

탐구 협공법 $\rightarrow$ $\sqrt{4} < \sqrt{7} < \sqrt{9}$ $\therefore 2 < \sqrt{7} < 3$이다.

풀이 $\dfrac{1}{3 - \sqrt{7}} = \dfrac{3 + \sqrt{7}}{2}$

$2 < \sqrt{7} < 3,\ 5 < 3 + \sqrt{7} < 6,\ \dfrac{5}{2} < \dfrac{3 + \sqrt{7}}{2} < 3$

따라서 정수 부분 a와 소수 부분 b의 값을 구하면

$$a = 2,\ b = \dfrac{-1 + \sqrt{7}}{2}$$

a, b를 이용하여 식의 값을 구하면

$$a^2 + ab - 2b^2 = (a + 2b)(a - b) = (1 + \sqrt{7})\left(\dfrac{5 - \sqrt{7}}{2}\right) = -1 + 2\sqrt{7}$$

정답 $-1 + 2\sqrt{7}$

유제 07-1 $1 + \sqrt{3}$의 정수 부분을 a, 소수 부분을 b라 할 때, $\dfrac{1}{b} - \dfrac{1}{a + b}$의 값을 구하시오.

유제 07-2 $4 - \sqrt{5}$의 정수 부분을 a, 소수 부분을 b라 할 때, $2ab$의 값을 구하시오.

무리함수

1 무리함수의 정의

[1] 무리함수
→ 함수 $y=f(x)$에 있어서 $f(x)$가 x에 관한 무리식일 때, 이 함수를 **무리함수**라 한다.

[2] 무리함수의 정의역
→ 근호 안의 식의 값이 0 이상이 되도록 하는 실수 전체의 집합을 정의역으로 생각한다.

강의 무리함수는 숨겨진 범위를 찾아 정의역과 치역을 구한다!

→ 실수체계 → $(\sqrt{(속)} \geq 0) \geq 0$

① $(\sqrt{\ }\,속) \geq 0$ 이용 → 정의역 탄생   ② $(\sqrt{\ }\,전체) \geq 0$ 이용 → 치역 탄생

주의 무리함수의 정의역과 치역

① 범위 無 → $\sqrt{\ }$ 의 성질 이용   ② 범위 有 → graph 이용

無(없을 무) 有(있을 유)

기 | 본 | 예 | 제 08

다음 무리함수의 정의역과 치역을 차례로 쓰시오.

(1) $y = 2\sqrt{x-2} + 3$ (2) $y = -2\sqrt{x+2} - 3$

탐구 $\sqrt{(속)} \geq 0$ → 정의역 탄생, $\sqrt{\ } \geq 0$ → 치역 탄생

풀이 (1) $y = 2\sqrt{x-2} + 3$

정의역 $x - 2 \geq 0$ $\{x \,|\, x \geq 2\}$

치역 $y - 3 = 2\sqrt{x-2} \geq 0$ $\{y \,|\, y \geq 3\}$

(2) $y = -2\sqrt{x+2} - 3$

정의역 $x + 2 \geq 0$ $\{x \,|\, x \geq -2\}$

치역 $y + 3 = -2\sqrt{x+2} \leq 0$ $\{y \,|\, y \leq -3\}$

정답 (1) $\{x \,|\, x \geq 2\}$, $\{y \,|\, y \geq 3\}$ (2) $\{x \,|\, x \geq -2\}$, $\{y \,|\, y \leq -3\}$

유제 08-1 무리함수 $y = \sqrt{3x+2} + 1$의 정의역과 치역을 구하시오.

유제 08-2 다음 무리함수의 정의역과 치역을 차례로 쓰시오.

(1) $y = \sqrt{3x}$ (2) $y = \sqrt{-3x}$ (3) $y = -\sqrt{3x}$ (4) $y = -\sqrt{-3x}$

[1] $y = \sqrt{ax}\,(a \neq 0)$**의 그래프**

➜ $y = \dfrac{x^2}{a}\,(x \geq 0)$의 그래프를 직선 $y=x$에 대하여 대칭이동시킨 것이다.

$$y = \sqrt{ax} \xleftrightarrow[\text{역함수}]{} y = \dfrac{x^2}{a}\,(x \geq 0)$$

(1) $a > 0$일 때 → 제 1 사분면

(2) $a < 0$일 때 → 제 2 사분면

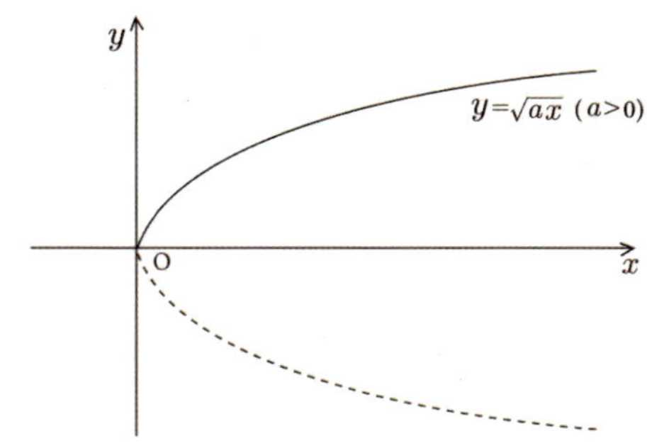

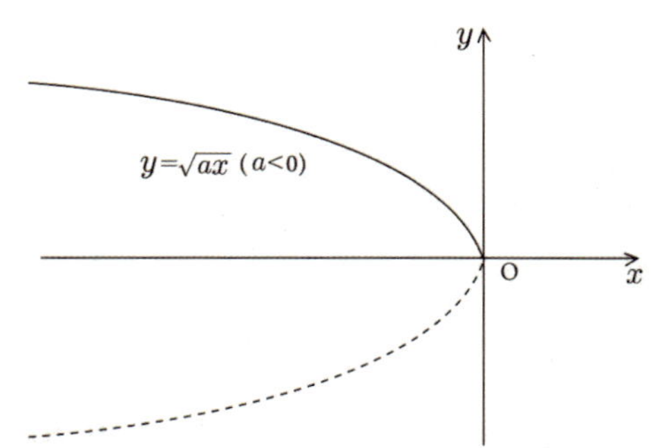

[2] $y = \sqrt{a(x-m)} + n\,(a \neq 0)$**의 그래프**

➜ $y = \sqrt{ax}$의 그래프를 x축으로 m만큼, y축으로 n만큼 평행이동한 것이다.

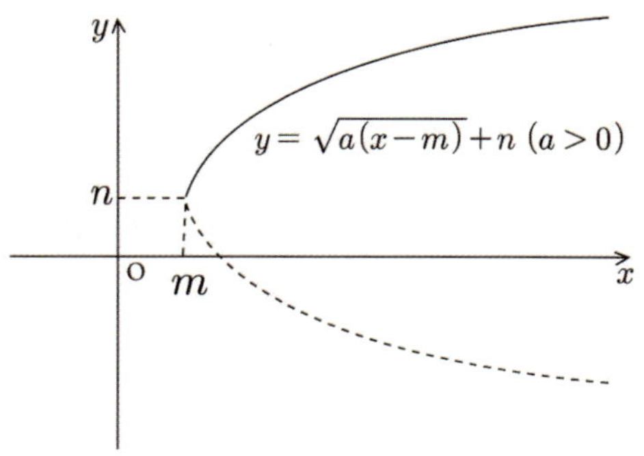

[3] $y = \sqrt{ax+b} + c$**의 그래프**

➜ $y = \sqrt{a\left(x + \dfrac{b}{a}\right)} + c$의 꼴로 변형한다.

➜ $y = \sqrt{ax}$의 그래프를 x축으로 $-\dfrac{b}{a}$만큼, y축으로 c만큼 평행이동한 것이다.

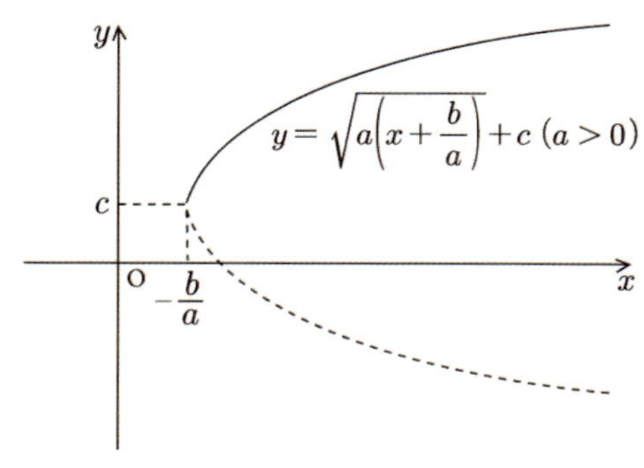

> **체크** $y = +\sqrt{+x}$의 그래프 → 제 1 사분면
>
> ➜ x축 대칭 → $y = -\sqrt{+x}$
>
> ➜ y축 대칭 → $y = +\sqrt{-x}$
>
> ➜ 원점 대칭 → $y = -\sqrt{-x}$

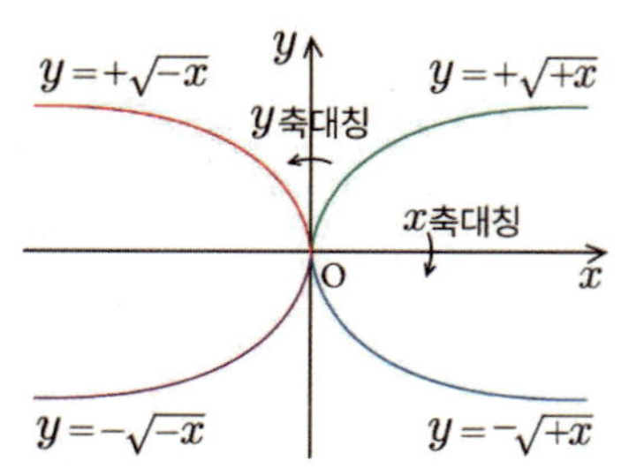

 무리함수의 그래프의 생명은 출발점이다.

$\rightarrow \sqrt{}$ 속 $=0 \rightarrow$ 출발점 탄생

① $y = \sqrt{ax}$

$\quad \rightarrow x = 0 \rightarrow$ 출발점 $(0, 0)$

② $y = \sqrt{a(x-m)} + n$

$\quad \rightarrow x - m = 0 \rightarrow$ 출발점 (m, n)

③ $y = \sqrt{ax+b} + c$

$\quad \rightarrow ax + b = 0 \rightarrow$ 출발점 $\left(-\dfrac{b}{a}, c \right)$

 무리함수의 그래프 그리는 법

① 출발점   ② 방향   ③ 절편 $\rightarrow$ 그래프

 무리함수의 그래프의 방향성은 x, y 의 계수의 부호에 따라 결정된다!

$\rightarrow$ 무리함수의 그래프는 x, y의 계수의 부호에 따라 다음과 같은 방향성을 갖는다.

① $y = +\sqrt{+x} \rightarrow$ I 사분면(우상향)

② $y = +\sqrt{-x} \rightarrow$ II 사분면(좌상향)

③ $y = -\sqrt{-x} \rightarrow$ III 사분면(좌하향)

④ $y = -\sqrt{+x} \rightarrow$ IV 사분면(우하향)

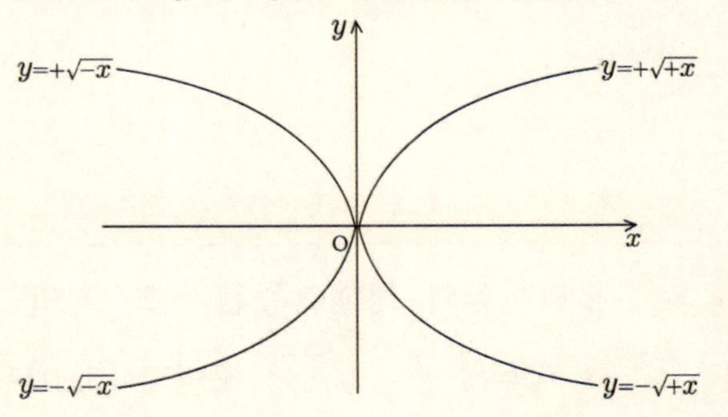

 무리함수 $y = b\sqrt{a(x-m)} + n$의 그래프의 방향성도 원리는 동일하다.

① $a > 0, b > 0 \rightarrow$ I 구역(우상향)

② $a < 0, b > 0 \rightarrow$ II 구역(좌상향)

③ $a < 0, b < 0 \rightarrow$ III 구역(좌하향)

④ $a > 0, b < 0 \rightarrow$ IV 구역(우하향)

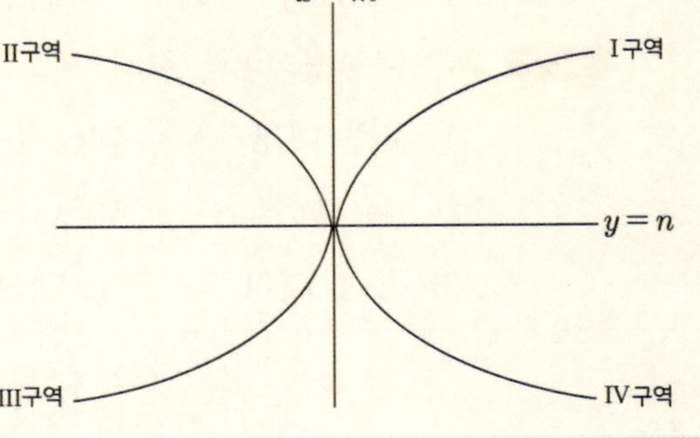

다음 무리함수의 그래프를 그리시오.

$$y = -\sqrt{2x-3}+1$$

탐구

① 무리함수의 그래프를 그리는 법 → ⅰ) 출발점   ⅱ) 방향   ⅲ) 절편

② 무리함수의 정의역과 치역 → $\sqrt{}$ 의 성질 이용

풀이

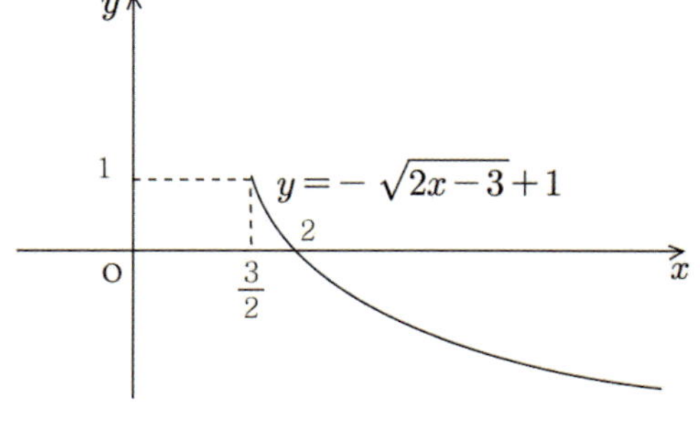

출발점 $2x-3=0$에서 $x=\dfrac{3}{2}$, $y=1$ …①

방향 → 右측 下 …②

x절편 $y=0 \to \left(\sqrt{2x-3}\right)^2 = 1^2$

$$\therefore x=2 \ \cdots ③$$

①,②,③을 이용하여 그래프를 그리면
오른쪽 그림과 같다.

정답   풀이참조

유제 09-1   무리함수 $y=\sqrt{2x+1}-1$의 그래프를 그리시오.

유제 09-2   무리함수 $y=-\sqrt{-x-3}+1$의 그래프를 그리시오.

강의   무리함수의 평행이동은 식과 점의 부호가 서로 반대이다!

→ 함수식 $y=\sqrt{ax}$, 출발점 $(0,0)$을 x축으로 $+m$, y축으로 $+n$만큼 평행이동하면

① 함수식 $y-n=\sqrt{a(x-m)} \to y=\sqrt{a(x-m)}+n$

② 출발점 $(0+m, 0+n) \to$ 출발점 (m, n)

주의   대칭이동은 식과 점의 부호가 서로 같다.

① x축 대칭 → y 대신 $(-y)$ 대입

② y축 대칭 → x 대신 $(-x)$ 대입

③ 원점 대칭 → x, y 대신 $(-x, -y)$ 대입

무리함수 $y=\sqrt{x+1}$ 의 그래프를 x축의 방향으로 3만큼, y축의 방향으로 -1만큼 평행이동하였더니 $y=\sqrt{ax+b}+c$의 그래프와 겹친다고 할 때, 상수 a, b, c의 값을 구하시오.

탐구 $y=\sqrt{a(x-p)}+q$의 그래프는 $y=\sqrt{ax}$ 의 그래프를 x축의 방향으로 p만큼, y축의 방향으로 q만큼 평행이동한 것이다.

풀이 $y=\sqrt{x+1}$ 을 x축의 방향으로 3만큼, y축의 방향으로 -1만큼 평행이동하면

$$y+1=\sqrt{(x-3)+1} \qquad \therefore\ y=\sqrt{x-2}-1 \ \cdots①$$

①이 $y=\sqrt{ax+b}+c$와 겹치므로

$$a=1,\ b=-2,\ c=-1$$

정답 $a=1,\ b=-2,\ c=-1$

유제 10-1 무리함수 $y=\sqrt{x}$ 의 그래프를 x축의 방향으로 1만큼, y축의 방향으로 2만큼 평행이동한 후 x축에 대하여 대칭이동한 그래프의 식을 구하시오.

유제 10-2 무리함수 $y=a\sqrt{bx+c}+d$의 그래프를 x축의 방향으로 -1만큼, y축의 방향으로 1만큼 평행이동한 후 y축에 대하여 대칭이동한 그래프가 $y=-\sqrt{2x+1}$ 의 그래프와 일치하였을 때, 상수 a, b, c, d의 값을 구하시오.

강의 무리함수의 최대·최소는 그래프를 보고 판단한다!

→ 주어진 범위에서 그래프를 활용하여 최댓값과 최솟값을 구한다.

① 꼴잡이 $(+,+)$, $(-,-)$ → 단조증가 → 최솟값 먼저, 최댓값 나중에 구한다.

② 꼴잡이 $(-,+)$, $(+,-)$ → 단조감소 → 최댓값 먼저, 최솟값 나중에 구한다.

주의 무리함수의 최대 최소

① 범위 無 → 치역 이용

② 범위 有 → 그래프 이용

無(없을 무)   有(있을 유)

무리함수 $y = -\sqrt{-x+3} - 2$의 그래프에 대하여 $-1 \leq x \leq 2$에서의 최댓값과 최솟값을 구하시오.

탐구 주어진 범위 내에서 그래프를 그리고 최댓값과 최솟값을 구한다.

풀이 $y = -\sqrt{-x+3} - 2 = -\sqrt{-(x-3)} - 2$

출발점의 좌표가 점 $(3, -2)$이고
그래프의 방향을 참고하여 주어진
범위 내에서 그래프를 그리면 오른쪽
그림과 같다.
따라서 함수 $y = -\sqrt{-x+3} - 2$는
$x = -1$에서 최솟값 -4를 갖고,
$x = 2$에서 최댓값 -3을 갖는다.

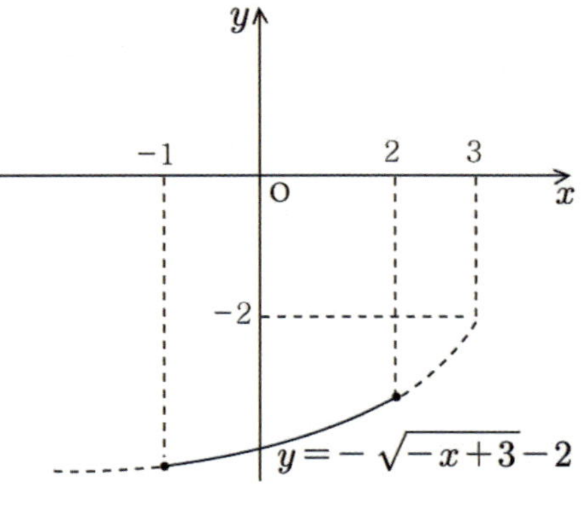

정답 최댓값 : -3, 최솟값 : -4

유제 11-1 무리함수 $y = \sqrt{-x+1} + k$의 그래프가 $-3 \leq x \leq 0$에서 최솟값 -1을 가질 때, 상수 k의 값을 구하시오.

유제 11-2 무리함수 $y = -\sqrt{2x+1} + a$의 그래프가 $0 \leq x \leq 4$에서 최솟값 -1, 최댓값 b를 가질 때, 상수 a, b에 대하여 $a+b$의 값을 구하시오.

강의 무리함수에서는 출발점과 한 점을 이용하여 미정계수를 구한다!

(1) 출발점과 방향을 이용하여 미정계수를 구한다. → 계수비교법

(2) 한 점을 대입하여 미정계수를 구한다. → 수치대입법

무리함수 $y=\sqrt{ax+b}+c$의 그래프가
오른쪽 그림과 같을 때, 상수 a, b, c의
값을 구하시오.

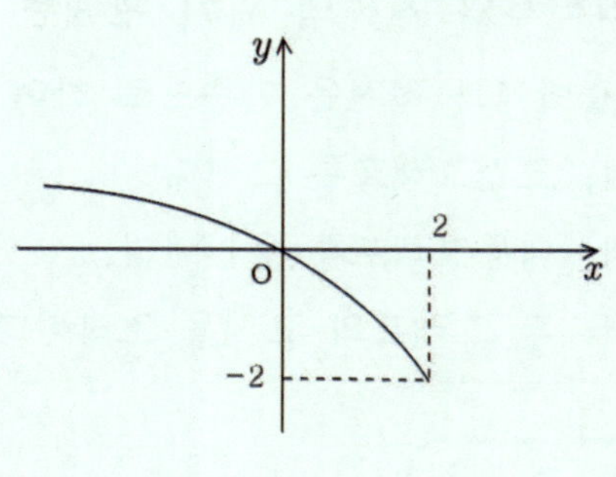

탐구 출발점과 방향, 지나는 점의 좌표를 이용하여 미지수를 구한다.

풀이 출발점의 좌표가 점 $(2, -2)$이고 그래프의 방향을 참고하여 무리함수의 식을 구하면

$$y=\sqrt{a(x-2)}-2 \ (a<0) \ \cdots①$$

이 그래프가 점 $(0, 0)$을 지나므로 ①에 대입하여 a의 값을 구하면

$$0=\sqrt{-2a}-2 \quad \sqrt{-2a}=2 \quad -2a=4 \quad \therefore \ a=-2$$

$$a=-2 \ \rightarrow \ ① \ ; \ y=\sqrt{-2x+4}-2$$

$$\therefore a=-2, \ b=4, \ c=-2$$

정답 $a=-2, \ b=4, \ c=-2$

유제 12-1 무리함수 $y=a\sqrt{x+b}+c$의 그래프가
오른쪽 그림과 같을 때, 상수 a, b, c에
대하여 $a+b+c$의 값을 구하시오.

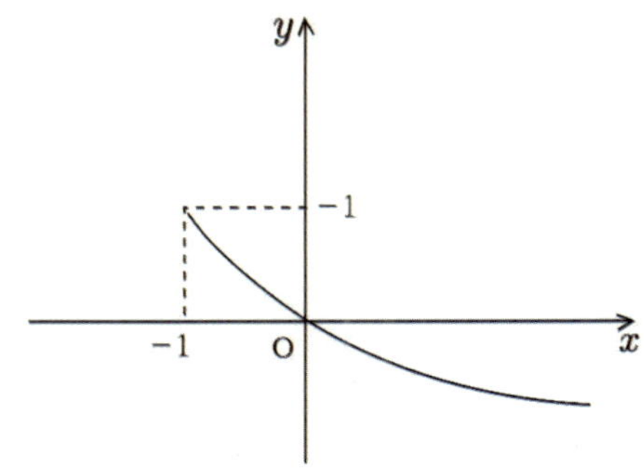

유제 12-2 오른쪽 그림과 같은 무리함수의 그래프를
x축의 방향으로 -2만큼, y축의 방향으로
-1만큼 평행이동하였더니 $y=\sqrt{ax+b}+c$
가 되었다. 이때 상수 a, b, c의 값을 구하시오.

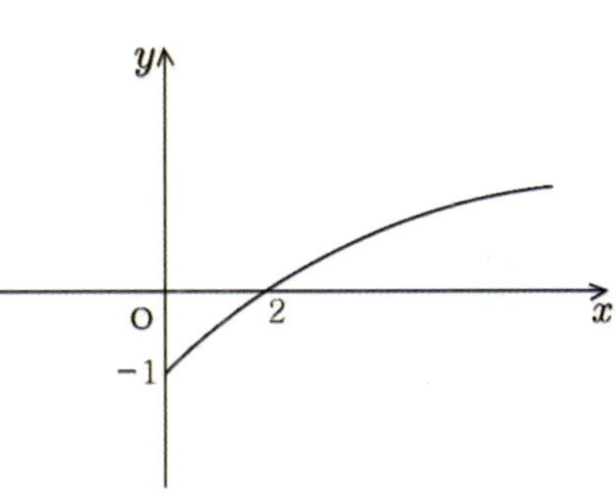

기|본|예|제 13

무리함수 $y=\sqrt{x+1}$ 의 그래프와 직선 $y=-2x+k$ 가 만나지 않을 때, 정수 k의 최댓값을 구하시오.

탐구 두 그래프를 그린 후 위치 관계를 조사한다.

풀이 $y=\sqrt{x+1}$ 과 $y=-2x+k$ 가 만나지 않도록 그래프를 그리면 다음과 같다.

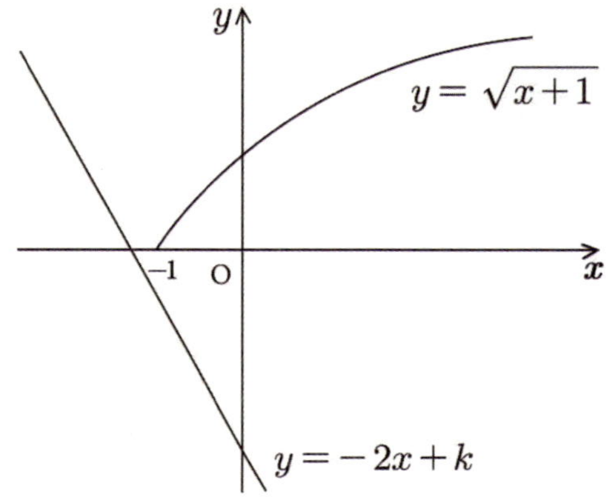

직선이 점 $(-1, 0)$을 지날 경우 k의 값을 구하면

$$0=2+k \qquad \therefore k=-2$$

따라서 두 그래프가 만나지 않으려면 $k<-2$ 이고

이때 정수 k의 최댓값은 -3이다.

정답 -3

유제 13-1 무리함수 $y=\sqrt{x-3}$ 의 그래프와 직선 $y=mx+1$ 이 만날 때, 상수 m의 값의 범위를 구하시오.

유제 13-2 무리함수 $y=\sqrt{4-2x}$ 의 그래프와 직선 $y=-x+k$ 가 두 개의 교점을 가질 때, 상수 k의 값의 범위를 구하시오.

 무리함수의 역함수는 아래 3단계를 이용하여 구한다!

첫째, $\sqrt{}$ 의 숨겨진 범위를 찾아 정의역과 치역을 구한다.

둘째, x를 구하여 $x = (y$의 식)으로 나타낸다.

셋째, x와 y를 바꾸어 역함수를 구한다.

(1) $y = \sqrt{ax}$ 의 역함수

➡ 정의역 $ax \geq 0$, 치역 $y \geq 0 \rightarrow x = \dfrac{1}{a}y^2$

➡ 역함수 $y = \dfrac{1}{a}x^2$; 정의역 $x \geq 0$, 치역 $ay \geq 0$

(2) $y = \sqrt{a(x-m)} + n$의 역함수

➡ 정의역 $a(x-m) \geq 0$, 치역 $y \geq n \rightarrow x = \dfrac{1}{a}(y-n)^2 + m$

➡ 역함수 $y = \dfrac{1}{a}(x-n)^2 + m$; 정의역 $x \geq n$, 치역 $a(y-m) \geq 0$

(3) $y = \sqrt{ax+b} + c$의 역함수

➡ 정의역 $ax+b \geq 0$, 치역 $y \geq c \rightarrow x = \dfrac{1}{a}(y-c)^2 - \dfrac{b}{a}$

➡ 역함수 $y = \dfrac{1}{a}(x-c)^2 - \dfrac{b}{a}$; 정의역 $x \geq c$, 치역 $ay+b \geq 0$

기 | 본 | 예 | 제 14

무리함수 $y = \sqrt{x+3} - 2$의 역함수를 구하시오.

탐구 공역이 주어지지 않은 함수가 일대일함수이면 치역을 공역으로 생각한다.

풀이 $y = \sqrt{x+3} - 2$의 정의역과 치역을 구하면

$\quad x+3 \geq 0$에서 정의역은 $\{x \mid x \geq -3\}$

$\quad y+2 = \sqrt{x+3} \geq 0$에서 치역은 $\{y \mid y \geq -2\}$

따라서 역함수의 정의역은 $\{x \mid x \geq -2\}$이다.

$y = \sqrt{x+3} - 2$에서 $y+2 = \sqrt{x+3}$

양변을 제곱하고 x에 대하여 정리하면

$\quad y^2 + 4y + 4 = x + 3 \qquad \therefore x = y^2 + 4y + 1$

x와 y를 바꿔 역함수를 구하면

$\quad y = x^2 + 4x + 1 \ (x \geq -2)$

정답 $y = x^2 + 4x + 1 \ (x \geq -2)$

 무리함수 $y=\sqrt{x-1}+2$의 역함수를 구하시오.

 무리함수 $f(x)=\sqrt{2x+a}$에 대하여 $f^{-1}(2)=\dfrac{5}{2}$일 때, $f\left(\dfrac{1}{2}\right)$의 값을 구하시오.
(단, a는 상수)

강의 **무리함수와 그 역함수의 교점은 $y=x$에 대해 대칭임을 이용하여 구한다!**

→ 무리함수와 그 역함수의 교점 → 무리함수와 직선 $y=x$의 교점 이용

기|본|예|제 15

무리함수 $y=\sqrt{-x+4}+1$의 그래프와 그 역함수의 그래프의 교점의 좌표를 구하시오.

탐구 무리함수와 그 역함수의 그래프의 교점은 무리함수와 직선 $y=x$의 교점의 좌표와 같다.

풀이 무리함수 $y=f(x)$의 그래프와 그 역함수 $y=f^{-1}(x)$의 그래프의 교점은 무리함수 $y=f(x)$의 그래프와 직선 $y=x$의 교점과 같다.

$\sqrt{-x+4}+1=x$에서 $\sqrt{-x+4}=x-1$

$-x+4=x^2-2x+1$ $x^2-x-3=0$

$\therefore x=\dfrac{1\pm\sqrt{13}}{2}$

이때 무리함수의 정의역과 역함수의 정의역의 공통 부분이 $1\le x\le 4$이므로 구하는 교점의 좌표는

$$\left(\dfrac{1+\sqrt{13}}{2},\dfrac{1+\sqrt{13}}{2}\right)$$

정답 $\left(\dfrac{1+\sqrt{13}}{2},\dfrac{1+\sqrt{13}}{2}\right)$

 무리함수 $y=\sqrt{3x+4}$의 그래프와 그 역함수의 그래프의 교점의 좌표를 구하시오.

 두 함수 $y=\sqrt{x-1}+1$과 $x=\sqrt{y-1}+1$의 두 교점 사이의 거리를 구하시오.

반복학습 기록란.

가장 좋은 학습방법은 학교에서나 학원에서나 선생님의 강의를 열심히 듣고 여러 번 반복학습하는 것입니다.
지금부터 당장 선생님의 강의를 열심히 듣고 반복! 반복하십시오. 그러면 곧 모든 과목에 자신이 생길 것입니다.

회수	시작이 반!			끝을 봐야!			확인
제1회	년	월	일 부터	년	월	일 까지	
제2회	년	월	일 부터	년	월	일 까지	
제3회	년	월	일 부터	년	월	일 까지	
제4회	년	월	일 부터	년	월	일 까지	
제5회	년	월	일 부터	년	월	일 까지	
제6회	년	월	일 부터	년	월	일 까지	
제7회	년	월	일 부터	년	월	일 까지	
제8회	년	월	일 부터	년	월	일 까지	
제9회	년	월	일 부터	년	월	일 까지	
제10회	년	월	일 부터	년	월	일 까지	

연습 문제

▶ 연습문제 A는 앞에서 배운 기초 단계의 문제이므로 선생님의 도움 없이 스스로 풀어 자신의 실력을 점검해 보도록 하자.

01 a, b는 실수이고, $\sqrt{a}\,\sqrt{b} = -\sqrt{ab}$ 일 때, $\sqrt{2a^2} - |b|$를 간단히 하시오.

02 a, b는 실수이고 $\dfrac{\sqrt{a}}{\sqrt{b}} = -\sqrt{\dfrac{a}{b}}$ 일 때, $\sqrt{(a-b)^2} - \sqrt{b^2} + |a|$를 간단히 하시오.

03 다음 수의 분모를 유리화하시오.

(1) $\dfrac{6}{\sqrt{5} + \sqrt{2}}$

(2) $\dfrac{\sqrt{3} - \sqrt{5}}{2 - \sqrt{3}}$

04 $x = \dfrac{2 + \sqrt{5}}{2 - \sqrt{5}}$, $y = \dfrac{2 - \sqrt{5}}{2 + \sqrt{5}}$ 일 때, $x^2 + y^2$의 값을 구하시오.

05 $\dfrac{1}{\sqrt{2} + 1} + \dfrac{1}{\sqrt{2} - 1}$ 을 계산하시오.

06 무리식 $\sqrt{3x+1} - \sqrt{2x-1}$ 의 값이 실수가 되도록 하는 x의 범위를 구하시오.

07 다음 식의 분모를 유리화하시오.

(1) $\dfrac{1}{\sqrt[3]{5} - \sqrt[3]{2}}$

(2) $\dfrac{1}{1 - \sqrt[3]{2} + \sqrt[3]{4}}$

08 $x = \sqrt{2}$ 일 때, $\dfrac{\sqrt{x+1} + \sqrt{x-1}}{\sqrt{x+1} - \sqrt{x-1}}$ 의 값을 구하시오.

09 $x = \dfrac{1}{3 + \sqrt{5}}$ 일 때, $4x^3 - 2x^2 - 5x + 3$의 값을 구하시오.

10 $x^2 - 5x + 1 = 0$일 때, $\sqrt{x} + \dfrac{1}{\sqrt{x}}$ 의 값을 구하시오.

11 다음 식의 값을 구하시오.
$$\sqrt{2+\sqrt{2+\sqrt{2+\cdots}}}$$

12 $1+\sqrt{3}$ 의 정수 부분을 a, 소수 부분을 b라 할 때, $\dfrac{1}{b}-\dfrac{1}{a+b}$ 의 값을 구하시오.

13 다음 무리함수의 정의역과 치역을 차례로 쓰시오.
(1) $y=2\sqrt{x-2}+3$ 　　　　　　　　(2) $y=-2\sqrt{x+2}-3$

14 다음 무리함수의 그래프를 그리시오.
$$y=-\sqrt{2x-3}+1$$

15 무리함수 $y=\sqrt{x+1}$ 의 그래프를 x축의 방향으로 3만큼, y축의 방향으로 -1만큼 평행 이동하였더니 $y=\sqrt{ax+b}+c$의 그래프와 겹친다고 할 때, 상수 $a,\ b,\ c$의 값을 구하시오.

16 무리함수 $y = -\sqrt{-x+3}-2$의 그래프에 대하여 $-1 \leq x \leq 2$에서의 최댓값과 최솟값을 구하시오.

17 무리함수 $y = \sqrt{ax+b}+c$의 그래프가 오른쪽 그림과 같을 때, 상수 a, b, c의 값을 구하시오.

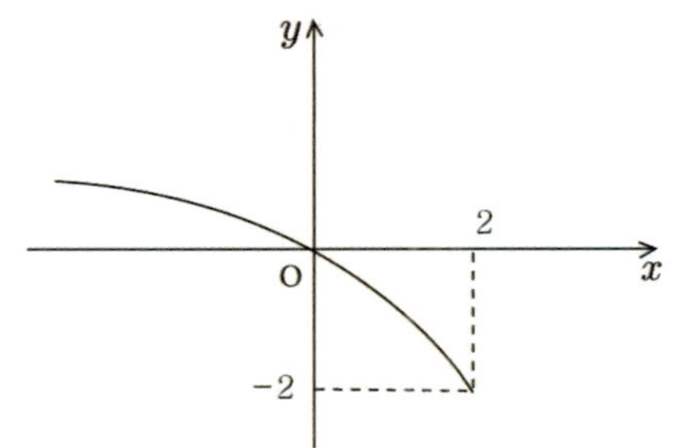

18 무리함수 $y = \sqrt{x+1}$의 그래프와 직선 $y = -2x+k$가 만나지 않을 때, 정수 k의 최댓값을 구하시오.

19 무리함수 $y = \sqrt{x+3}-2$의 역함수를 구하시오.

20 무리함수 $y = \sqrt{-x+4}+1$의 그래프와 그 역함수의 그래프의 교점의 좌표를 구하시오.

▶ 연습문제 B는 앞에서 배운 중급 단계의 문제이므로 선생님의 도움 없이 스스로
풀어 자신의 실력을 점검해 보도록 하자.

01 실수 x에 대하여 $\sqrt{x-2}\,\sqrt{1-x} = -\sqrt{-x^2+3x-2}$ 일 때,
$\sqrt{x^2+6x+9} + \sqrt{x^2-10x+25}$ 를 간단히 하시오.

02 실수 x에 대하여 $\dfrac{\sqrt{x}}{\sqrt{x-3}} + \sqrt{\dfrac{x}{x-3}} = 0$일 때, $\sqrt{x^2-6x+9} + \sqrt{x^2}$ 을 간단히 하시오.

03 $\dfrac{1}{1+\sqrt{2}-\sqrt{3}}$ 의 분모를 유리화하시오.

04 무리식 $\dfrac{2}{\sqrt{x+2}} + \sqrt{3-2x}$ 의 값이 실수가 되게 하는 정수 x의 개수를 구하시오.

05 다음을 계산하시오.
$$\dfrac{1}{\sqrt[3]{4}-1} + \dfrac{1}{\sqrt[3]{16}+\sqrt[3]{4}+1}$$

06 $\dfrac{6x+3}{\sqrt{x^2+4x+4}-\sqrt{x^2-2x+1}} = 4$의 해를 구하시오.

07 $x=1-\sqrt{2}$ 일 때, x^3-3x^2+2x-1 의 값을 구하시오.

08 $x^2-3x+1=0$ 일 때, $\left|\sqrt{x}-\dfrac{1}{\sqrt{x}}\right|$ 의 값을 구하시오.

09 $\sqrt{12-\sqrt{12-\sqrt{12-\cdots}}}$ 의 값을 구하시오.

10 $\dfrac{1}{3-\sqrt{7}}$ 의 정수 부분을 a, 소수 부분을 b 라 할 때, $a^2+ab-2b^2$ 의 값을 구하시오.

11 다음 무리함수의 정의역과 치역을 차례로 쓰시오.
(1) $y=\sqrt{3x}$ (2) $y=\sqrt{-3x}$ (3) $y=-\sqrt{3x}$ (4) $y=-\sqrt{-3x}$

12 무리함수 $y=-\sqrt{-x-3}+1$ 의 그래프를 그리시오.

13 무리함수 $y = a\sqrt{bx+c}+d$의 그래프를 x축의 방향으로 -1만큼, y축의 방향으로 1만큼 평행이동한 후 y축에 대하여 대칭이동한 그래프가 $y = -\sqrt{2x+1}$의 그래프와 일치하였을 때, 상수 a, b, c, d의 값을 구하시오.

14 무리함수 $y = -\sqrt{2x+1}+a$의 그래프가 $0 \le x \le 4$에서 최솟값 -1, 최댓값 b를 가질 때, 상수 a, b에 대하여 $a+b$의 값을 구하시오.

15 오른쪽 그림과 같은 무리함수의 그래프를 x축의 방향으로 -2만큼, y축의 방향으로 -1만큼 평행이동하였더니 $y = \sqrt{ax+b}+c$가 되었다. 이때 상수 a, b, c의 값을 구하시오.

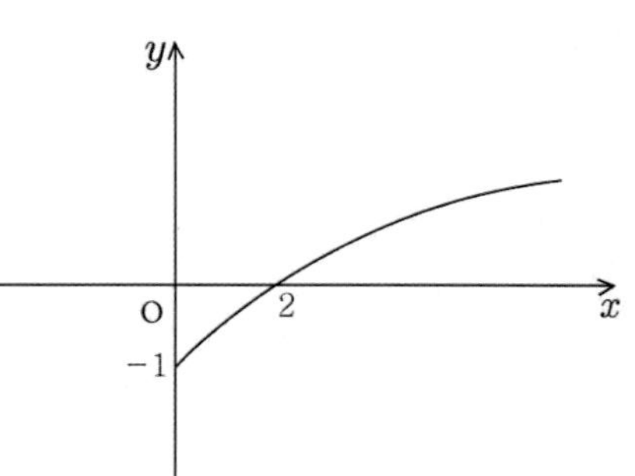

16 무리함수 $y = \sqrt{4-2x}$의 그래프와 직선 $y = -x+k$가 두 개의 교점을 가질 때, 상수 k의 값의 범위를 구하시오.

17 무리함수 $f(x) = \sqrt{2x+a}$에 대하여 $f^{-1}(2) = \dfrac{5}{2}$일 때, $f\left(\dfrac{1}{2}\right)$의 값을 구하시오. (단, a는 상수)

18 두 함수 $y = \sqrt{x-1}+1$과 $x = \sqrt{y-1}+1$의 두 교점 사이의 거리를 구하시오.